致迷茫的你

在科研中借力晋级

[日] 长谷川修司 著

刘灿华 译

上海交通大学出版社
SHANGHAI JIAO TONG UNIVERSITY PRESS

内容简介

本书作者长谷川教授结合自身经历，从揭开科研人员的面纱开始，生动地讲解了科研人员从研究生、博士后/助教、副教授到教授和团队带头人的发展过程中所面临的问题与应对之策，可谓字字珠玑，句句肺腑。深信本书能给处于不同阶段的科研人员乃至普通的学生和职场之人带来启迪和收获，也能让世人了解科研人员这一高深但也有着平凡一面的特殊职业。

图书在版编目(CIP)数据

致迷茫的你：在科研中借力晋级／（日）长谷川修司著；刘灿华译. —上海：上海交通大学出版社，2023.4

ISBN 978－7－313－28347－4

Ⅰ. ①致… Ⅱ. ①长… ②刘… Ⅲ. ①科学研究－青年读物 Ⅳ. ①G30－49

中国国家版本馆 CIP 数据核字(2023)第 035481 号

致迷茫的你：在科研中借力晋级
ZHI MIMANG DE NI：ZAI KEYAN ZHONG JIELI JINJI

著　者：［日］长谷川修司　　　　　译　者：刘灿华
出版发行：上海交通大学出版社　　　　地　址：上海市番禺路 951 号
邮政编码：200030　　　　　　　　　　电　话：021-64071208
印　制：上海颛辉印刷厂有限公司　　　经　销：全国新华书店
开　本：880 mm×1230 mm　1/32　　印　张：7
字　数：144 千字
版　次：2023 年 4 月第 1 版　　　　　印　次：2023 年 4 月第 1 次印刷
书　号：ISBN 978－7－313－28347－4
定　价：48.00 元

序

本书的作者,东京大学的长谷川教授,与我因科研领域相近而相识已久,我们经常在国际学术会议上碰面,也曾为促进中日韩三国的学术交流共同做过一些事情,由此而加深了彼此间的了解和友谊。长谷川教授除了在学术研究上凭借自行研发的一套颇具创新性的实验设备做出了一系列开创性的科研成果之外,他也热心于教育,在人才培养方面有其独到见解。在好几年前的一次学术会议上,闲谈之余,他说用日文写了一本介绍科研人员的职业发展历程的书,并在书中掺入了他个人的一些经历与认识,以此让世人能更加了解"科研人员"这一貌似特殊而其实也有其平凡一面的职业,同时也希望能让年轻的科研人员们从中获知科研人员在其职业发展的不同阶段所要面临的问题与应对之策,共同营造出一个雅俗共赏的科研人员职业圈子。据说该书出版后不久，就荣登畅销书的行列，颇受日本读者的欢迎。没曾想，长谷川教授以前的学生，现在上海交通大学的刘灿华教授，将该书翻译成中文出版了，还邀请我来为这本书作序。我很理解长谷川教授写此书的动机：让世人能更好地了解科研人员这一职业，也让青年科研人员能多一个视角去审视自己所在的这个职业圈子的特性。这本书虽然针对的是日本的科研体制和氛围，但研究是没有国界的，更何况中日文化背景有很多相仿之处，想必对中国的青年科研人员也会有所裨益，所以我欣然应允下来，为此书写下一些我的感想，并以此作序。

作为一名已有较丰富经历的科研工作者，在过去的数十年间，我迎来送去了一拨又一拨的学生，他们当中有许多人毕业后留在了大学或科研院所，和我一样成为科研工作者。我每年都会有各种机会见到他们当中的部分人，也能从各种途径了解到他们作为科研人员的成长历程与近况。见到他们在科研事业上取得的长足进步，我会为之欣慰，听到他们有人遇到挫折或者停滞不前，我也会为之神伤。于情如此，于理却也不难释怀。在科研人员的圈子里，既有少年得志者，亦有晚年成名者。大多数人的发展都是通过按部就班地积累科研成果，实现一个从量变到质变的"相变"过程。而催动这一"相变"的内在源动力，对每个人来说也许都不一样，可能是才智，是勤奋，是坚持，更可能是它们不同权重的组合叠加。除此之外，机缘巧合的外部力量往往也会对科研人员的发展助上一臂之力，比如来自老师、同事和朋友的帮助与支持,抑或是与一波适合自己的研究潮流不期而遇。这样的外在"机遇",在科研人员的不同发展阶段,出现的方式和特征是不尽相同的。这就让科研人员有必要对其有所了解,并注意做好相应的角色转变。《致迷茫的你:在科研中借力晋级》这本书,阐述的是长谷川教授自己对这方面的认识和感悟,而我对其中的许多观点都首肯心折,也相信它们能给处于不同阶段的科研人员都带来一些启迪和收获。

本书日文版的书名很长:"科研者としてうまくやっていくには——組織の力を研究に活かす",直译的话就是"干好科研人员之诀窍——在研究中灵活利用团体的力量"。该书在前言的第一节就阐释了科研人员的社会属性,并着重强调:"不论是何种研究,科研人员与其导师、指导者、前辈、同事、合作者、后辈、下属、学生,有时候甚至是竞争对手等的交流都是不可或缺的。可以毫不为过地说,这些交流顺畅与否能够决定其研究的成败。"可见,长谷川教授所谓之"团体"是泛指科研人员这个圈子里的人,亦即科研人员在其职业发展历程中所碰到的科研同行。对于这个观点,我是非常赞同的。得益于现代通信技术的迅猛发展,当代科学研究的一大特点是频繁的交流与合作。科学研究当然要体现自己的品位,但交流增进理解,碰撞才有火花,尤其是当代科学研究越来越重视团队之间的合作及学科之间的交叉融合,合作对于成功越来越重要。科研人员之间的关系往往是竞争与合作并存,相互间的交流也总是挑战与机遇同行。因此，科研人员自身的发展，如能顺应整个研究领域的潮流趋势，在保持自身科研探索内容的自由和独特性之外，寻求合作者，充分利用团体的力量，获得同行的支持与帮助，自会有事半功倍的效果。"众人拾柴火焰高"，不同领域之间的相互融合与交叉渗透非常有利于推动科学向更深层次和更高水平发展。

本书其实可以将冗长的日文版书名浓缩为"科研人员之道"。这里的"道"，既有科研人员从研究生到研究团队带头人的成长与发展的"道路轨迹"之意，与本书章节内容的框架结构相符；亦有科研人员所应遵循的"道理规则"和应时常进行自我省视的"道德规范"之意，暗含了日文版原题中"诀窍"的本意所指。

科研工作者所应遵循的许多道德规范在国际学术界当中是相通的，我想其中最基本而重要的，当属求真求实的职业素养和认真严谨的工作态度。科研人员的天职是探寻真理，努力攀登新的科学高峰，但何为真理，何为科学高峰，其判断的主体首先会是科研人员自己，然后才会接受学术界同行的审视。社会在不断地进步，人们的价值观也在不断地变化，但要坚守不变的，是科研人员对待科研工作的基本道德操守。诚如长谷川教授在本书中指出来的，我们这个科研人员的圈子是以人性本善为基础构建起来的，科研人员都应在自律性判断的基础上开展研究工作。唯有如此，科研人员的交流合作才有助于引起相互间的共鸣，产生正反馈的积极效果；科研人员这个群体才能获得社会的信赖和尊重，向外部发出的信息与声音才有力量，才会受人重视，更有利于知识积累与社会财富之间的转化。在本书中，长谷川教授多次以2014年的STAP细胞事件，即小保方晴子在其刊登在《自然》期刊上的论文中对数据进行的错误处理以及在其博士论文中存在的剽窃行为所引发的广泛的社会议论为例，剖析了诸如此类的学术造假和学术不端行为产生的原因及其对整个科研圈子的危害，并强调了科研人员应具备高尚道德观的重要性。近年来，我国学术圈学术不端和学术造假的事件也时有发生，严重危害了我国科学界的整体声誉。我想，本书中文版的出版，也许在一定程度上有利于涤荡我国学术界的浮躁之气，营造一个风清气正的学术环境。

很值得一提的是，长谷川教授虽然和我一样都是实验物理学家，但他在本书中阐释的问题，并不拘囿于某个特定的研究领域，没有理、工、农、商的学科区别，也不分是做理论研究的还是做实验研究的，因为科研人员的许多特质和经历都是相似的。科研人员的工作价值和意义在于引领人类对知识的积累传承和对理论体系的构建，以及对自然的利用改造和对社会文明的提升。在这一共通的目标之下，科研人员这一群体所应遵循和遵守的发展规律与道德规范自然也有着许多共通之处。

本书阐释的是长谷川教授结合自身作为一名科研人员的发展经历所感悟出的"科研人员之道"，尤其是他作为学术长者指导年轻科研工作者的一些心得体会,给投入科研领域的年轻人提供了很好的建议,可谓字字珠玑,句句肺腑。我深信这本书能给处于不同阶段的科研人员带来启迪、收获和共鸣。

贾金锋

中国科学院院士

上海交通大学/南方科技大学讲席教授

2023 年 1 月 18 日

目　录
CONTENTS

致迷茫的你：在科研中借力晋级

绪言

科研人员是"奇人异士"吗？

我是物理学领域的科研人员,但所谓的科研人员这一称号并不局限于物理学领域,普通人对科研人员的印象,似乎可以概括成如下几点:

（1）科研人员就像天才物理学家爱因斯坦或者电影《回到未来》里的科学家布朗博士那样,顶着蓬松的头发,穿着皱巴巴的衣服,看上去就和普通人不同,是"奇人异士"。

（2）科研人员多为大学和研究所里的教授、学者和研究员,是仅限于头脑特别灵光的人的一种特殊行业的从业者。

（3）科研人员喜欢闷在研究室或实验室里一个人默默地专注于研究工作,在自己的专业领域所知甚深,但对世俗之事却知之甚少,对家常闲话既不参与也不感兴趣。科研人员爱讲死理,如果碰到不讲道理的人,即便是小事一桩也要和对方争论个明明白白。

像这样的印象,其实与事实大相径庭。首先是关于第（1）点印象,看看我周围的科研人员,虽然不修边幅的人的确很多,也很少有人能称得上华丽优雅,但那都并未超出普通的范畴。

关于第（2）点印象,其实也是想当然的误解。确实有很多科研人员在中学时代就擅长数学等理科,但他们当中大多数人却极不擅长语文等文科(至少在我周围的理工科的科研人员当中居多)。现在,并不仅限于大学,在企业的研究所或研发部门,以及国立研究所等机构里面,也有许多的科研人员在工作着。研究并不是具有特殊能力的一群人才能从事的特殊行业。

至于第(3)点的印象,其实我也常听到亲戚朋友有过类似的评论。我妻子是文科生,她就曾说过,当初她是带着一种忐忑不安的心情去和我相亲的,因为去之前不知道该和我说些什么。但正如大家所见,我们还是顺利结婚了。所以这种印象也是有失偏颇的。

我既在大学也在企业研究所里待过,作为物理学领域的科研工作者已经干了 30 来年。在这些岁月里,我与国内外许多的科研人员打过交道。可以肯定地说,普通人对科研人员的上述三种印象,都与事实相违。

我写本书,正是为了消除这些误解,希望能让高中生、大学生和研究生**安心地无所畏惧地立志成为科研人员**。

▶ 令科研人员处事顺畅的社会性

与第(3)点印象恰恰相反,科研人员其实也只是一个普通的职业,所以和科研人员以外的普通人一样,需要具有一般的社会常识和教养。只有在影视剧的描述当中,科研人员才总会表现出一些异常的言行举止。如果科研人员无法和科研人员以外的人顺利交流,离开自己专业领域就无话可说的话,那就不是一个合格的社会人。其实,和国外的科研人员交流的时候,也是需要能像普通人那样聊聊本国的历史、自然、食物、教育体制和政治等话题（这并非指英语方面的能力）。

研究以外的常识性的问题，对科研人员来说（和普通人一样）也是很重要的。然而，我在常年与学生的接触中感觉到，一些立志成为科研人员的学生对此却竟然不以为意。即便是科研人员，也一定要做遵守社会秩序的良好市民。越是缺乏常识、超脱良好市民范畴的科研人员，越是有可能染指学术不端、学术霸凌和权力霸凌等行为。

所以，我写本书的初衷，是想要传授一些能让科研人员行之顺畅的研究以外的诀窍、技巧和秘笈。所谓"行之顺畅"，比如说：与所属研究团队中的学长和学弟学妹融洽相处；在学会等科研圈子里能顺畅地展现自己；向没有专业知识的普通市民和中学生介绍研究成果并收获信任；指导后辈，帮助他们茁壮成长；等等之类。在各种场合与地位下都想做到处事顺畅，是需要一些诀窍的。

靠一己之力往往是无法开展研究的。在实验研究和产品研发当中，需要科研人员通过合作共同努力，或者组成团队系统性地推进研究工作。即便是那种需要一个人默默地在头脑中思考的理论研究工作，与其他科研人员进行多方面的讨论也会有助于研究的深入开展。理论学家和实验学家之间的合作尤其重要，其共同的研究成果往往能获得非常高的评价。

不论是何种研究，科研人员与其导师、指导者、前辈、同事、合作者、后辈、下属、学生，有时候甚至是竞争对手等的交流都是不可或缺的。可以毫不为过地说，这些交流顺畅与否能够决定

其研究的成败。

此外,要获得科研经费,有时候写的申请书是给那些与自己不同专业领域的专家看的,或者得向他们汇报研究内容。笼统地说,除了研究能力之外,交流能力和展示能力等各种技能也是非常重要的。这一看法其实不仅限于科研人员,在其他的一些职业领域,也都常被提及。

随着科研人员职业经历的积累,其关注的视角会随之发生变化:

- 大学生和新鲜出炉的科研人员——研究生阶段——第一至三章;
- 被称为青年科研人员的博士后或助理教授的阶段——第四章;
- 独立拥有研究团队的副教授或团队带头人的阶段——第五章;
- 大学教授或者在研究所率领大的团队的带头人的阶段——第五章。

在以上各个阶段当中,科研人员处于各种不同地位,应该考虑的注意事项和所需要的诀窍是不一样的。我见过许多大大小小的麻烦事情,发生在各个阶段的都有,究其原因就在于遇到事情的科研人员往往缺少了一些应对技巧。

▶ "人性"要素之重要性——从一个假想的事例来看

举个例子来说,请看看下面这个在大学研究室里经常发生的一个假想事例。

博士研究生 A 君在他的最后一年,想着要把迄今为止得到的实验结果整理成博士论文以期尽快毕业,于是在课题组的组会上汇报了自己的博士论文的结构框架。未曾想,他的导师 B 教授认为:"这些实验结果还不完整,现阶段做出来的博士论文会令人蒙羞。你应该追加一些实验,将主要论点进一步落实完善了才行。"但博士论文的提交期限将至,没有时间去做补充实验了。而且,A 君已找到工作,等着博士毕业后,从 4 月份开始就要去一家研究所做研究员了,所以他不想推迟博士论文的完成时限。思绪良久之后,A 君找了所属课题组的助教 C 博士商量。在这样的情形下,A 君应该怎么办?C 博士应该给出怎样的建议才好?在那几天之后,A 君和 C 博士一起去 B 教授的房间商量对策的时候,B 教授又该当如何处理此事为好?

在这种情形之下,答案当然不是唯一的。对于该如何应对这种状况,教授、助教和学生,因其所处地位不同,思虑各异,所以所持意见相左也是理所当然的。**科研人员除了要处理有关研究本身的各种事情之外,还经常会碰到类似这样蕴含着"人性"要素的问题。**我写这本书的动机,就是希望研究生和科研人员能更加留意这方面的问题。

因此,本书并不涉及该如何才能做出诺贝尔奖级的独创性的研究,或者是有影响力的研究之类的话题。关于这些内容,已经有许多书籍了,还请另行参阅。本书主要讲述的是科研人员所需要的、更具现实意义的为人之道和处事之法。

▶ 解决问题的关键在于密切的交流

关于上述的假想事例,如果让我给些建议的话(虽然并非能立即解决问题),我会说,为了不陷入如此境地,平日里的良好沟通是非常重要的。

也就是说,A君在推进研究工作的过程中,应该频繁地向B教授汇报研究进展,经常地咨询请教,让B教授成为自己博士论文的"同谋者"。这里所说的"同谋者",是指通过密切的探讨交流共同推进研究进展的研究合作者。成为"同谋者",教授就无法指责A君在研究结果上的缺憾。如果一开始就创造出这么个氛围,让B教授感觉到自己是处于责任者一方,那就不会有那么多事情了。由此可见,人们常说的"汇联协"(汇报、联络、协商)在研究领域也是很重要的。

而从B教授一方来说,则有必要在平日里努力与学生保持密切的联系,创造一种活跃的研究室氛围,让学生能轻松随意地来咨询请教,一起探讨研究进展。

C助教则既可以扮演一种有助于师生间交流的润滑剂的角色,也可以扮演对A君和B教授组成的"研究联合军"进行理性批判的"严格裁判"的角色。

不过,在此有个经常会被误解或让人心生疑虑的问题:如果A君的博士论文是通过与B教授或者C助教的紧密合作才写出来的,那还能称为A君的博士论文吗? 事实上,这种担心是完全没有必要的。A君即便接受了教授和助教的许多建议和意见，只要是他自己作为主体开展的研究工作，那就没有任何问题，其研究成果也会成为他的卓越业绩。完全独立于导师及课题组的学长之外完成博士论文，那反倒是不正常的。

从我的经验和观察来看，**课题组只有具备一种能让学生在与导师及合作者密切交流讨论当中推进研究工作的氛围，才会不断地做出成果，培养出优秀的青年科研人员**。事实上，优秀的课题组必然存在着那种大家互相帮助又各司其职的氛围。所以，现在活跃在第一线的科研人员和科研团队带头人读了本书可能会觉得"写的尽是些理所当然的东西"，但是，高中生和大学生，或者普通人读了本书，我想也许会产生一种新鲜感吧：原来如此，科研人员居然还会操心这些事情啊。

▶ 科研人员是一个魅力四射的职业

所谓科研人员，我想恐怕是有限的行业种类当中最有魅力的职业之一了。科研人员始终盯着"前人从未踏足"之地，探索着至今尚无人知晓之事，思考着崭新的概念，制造着全新的东西，每天都兴奋感十足，确实算得上是一份充满创造性的工作。

每年到了提交研究生入学申请书的时候，总会有几个四年级的本科生不知该选哪个专业领域进行深造，带着"迷途羔羊"的面孔来我的研究室见学参观。我在向他们介绍本专业领域的魅力的同时，也会说其他领域也同样极具魅力，希望他们能对各个领域方向做一番广泛的了解。我还会告诉他们，科研人员是一个非常有魅力的职业。确定专业领域对学生来说是一个很重要的"人生十字路口",但不管投身于哪个领域,做研究都是很有意思的。

在做研究的时候,也会遇到一些现实性的问题。基于自己的梦想和憧憬而选择自己将要从事的专业领域是挺好的,而作为科研人员,为了在该专业领域生存下去,还是有必要知道一些研究内容之外的技巧、诀窍、基本的态度和思考方式。我想,这些问题也许具有普适性,与研究领域和所属单位的性质并无太大关系。

由于我自身专业领域的缘故,本书是以理工科领域的研究经历和经验为基础写的。本书中所说的科研人员,与所属机构无关,是以理工科的研究人员为肖像描绘的。但是,本书所记述的内容,许多应该也能适用于人文社科方面的研究人员。本书对立志成为科研人员的学生,抑或是已经步入科研人员行列的年轻人,甚至是科研人员的中坚力量,我想都会有一定的参考价值。

第一章

有魅力的职业——科研人员

▶ 研究完全不同于学习——挑战没有答案的问题

对于很多立志要成为科学家的年轻人来说,研究生阶段是他们真刀真枪地开始做研究的首发之地。然而,在成为研究生之前,对于"研究生要做什么"这个问题能有正确认识的大学生却似乎出乎意料的少。

不少大学生可能会有一种模糊的认识:到高中和大学为止,我们所持续的学习,基本上是翻阅教科书和参考资料,解答附在书本章节后面的习题,以求掌握其中的知识和思考方式。而在研究生阶段做的事情,可能应该就是这种学习方式的延长线,比如阅读大量艰涩难懂的外文书籍来汲取知识,解答大量的习题,以此成为名副其实的"博识"之士。

但这种认识完全是错的。研究生院,顾名思义,它不是学习的地方,而是研究的地方。我所属的机构单位,面对大学生的名称是"理学部物理学科",但面对研究生的机构名称则是"研究生院理学系研究科物理学专业"。大学的"学部/学科"是学习的地方,但研究生院的"研究科/专业"则是在特定的专业领域做研究的地方。

那么，学习和研究有什么不同呢？

所谓学习，是思考已有答案的问题和习题。对前人已经考虑过的课题和解决过的问题，自己再做一遍，以此构筑自己的知识体系，丰富自己的学识。与此形成鲜明对比，**所谓研究，是要思考尚无答案的课题。**有时候甚至要思考那些连答案有没有都不知道的，或者连思考本身有没有意义都不知道的课题。因为对于这些课题而言，如果不去做研究探个究竟的话，是没办法知道它是否有答案的，或者甚至连它是否有研究意义都不知道。

还有，对于"有没有意义"这一问题，往往会因为各个科研人员的价值观不同而众说纷纭。因此，就研究而言，即便是对于同一个研究课题，所给出的答案及相应的研究路径和方法都会因人而异。而这恰恰正是我后面会提到的研究魅力的源泉所在。但现实情况是，基本上没有大学生或普通人对这个事实有所了解。

思考有现成答案的课题和问题的学习，无法让人发挥出自己的个性、特长或独特的思考方式。但**在研究当中，科研人员自身的个性与价值观会被浓厚地反映出来，说得夸张一点，这就是一种自我表现。**

▶ 等待解开尚未面世之谜——研究永无止境

进一步来说，在有些领域，研究可以说是为了"发现值得研究的未知与课题"。虽然有许多的科研人员是带着明确的课题和目标在做研究,比如要解决爱因斯坦留下来的问题,或者要开发使用寿命长的电池等,但与之形成对比的是,在我所擅长的凝聚态物理等研究领域当中,有许多的研究是出于自己的好奇心,要去发掘一些问题出来,看看这些问题有何不可思议之处。若是找到了值得去解决的问题和课题,就会开展研究以探寻其答案,**而寻找有价值的问题和课题这件事情本身,就会占据研究的一大部分时间。**

而且,一旦一个课题的科学问题被解决了,往往会引发出下一个针对更为深刻的问题和更高目标的研究。寺田演彦曾说过:"科学不是扼杀不可思议,而是产生不可思议。"事实还真是这样的。不过,如果没有攻克前一阶段的课题的话,那就无法看到后面那些更为深刻的问题或设立更高的目标(至少对凡人如是)。由此可见,很多研究是相互关联的,会连锁成一串永无止境的延续。如果这些研究的连锁作用可以诱发出撼动学问根基的大发现,或者让我们的思考方式发生翻天覆地的变化,那就会造就一个成功的科研人员。不过有的时候,这些一连串的研究也许只能产生一些微不足道的成果。

如果研究工作催生出了有答案、有意义的研究成果,那么该成果就会被融入学问体系中并被积累下去。而大学生所要学习的正是这些知识体系。所以,所谓研究,就是去探索这些知识体系的最前沿。

当然,研究生也要为了获取必要的知识和技能而学习,但学习仅仅是手段而非目的。

在我和刚入校的研究生讨论交流的时候,时常会有学生发问:"老师,做那些研究有什么意义吗? 会出成果吗?"但其实,研究本身正是为了去回答这类问题的。有时候还有学生会表现出抗拒心理:"老师让我们开展些结果无法预知的研究工作,可我并不想做那种有风险的研究啊。"其实,这种心理状态恰恰是该学生还没有完全明白学习和研究的区别的表现。预知结果的研究不是研究,那只不过是操作罢了。不过,我倒不能因此而责备这些学生,因为他们当时在所经历的人生当中,并没有机会去弄清楚学习和研究的区别。这是到了研究生阶段才会需要了解的问题。

我想,类似的情况在社会上也比比皆是。比如,要开发未曾有过的新产品的时候,由于是尚未在市场上流通过的产品,所以不做出来试试的话是无法确知它能否卖得出去。当然,做之前可以做一定程度的市场调查,但也不是一定就能做出正确判断的。当初在索尼开始销售让人能边走边听音乐的随身听的时候,也许就有很多人在质疑:"怎么会有边走路边听音乐的必要呢?"但现在走路的时候使用 iPod 或智能手机听音乐已经成为一种司空见惯的事情了。这个例子就说明,不把产品推到市场上去,是不会知道它是否有意义的。

研究也是如此。教授在一定程度上会给出一个研究的切入点,学生便可沿着这个方向开展研究,并期待着获得预期的成果。但实际情况却并不一定就仅限于此,有很多以这种方式开始的研究,也会导致预期之外的研究成果问世(这被称为serendipity,机缘巧合下的意外发现)。

▶ 研究中的成功滋味——长谷川式反转

    研究生开始做研究之后，总会碰到各种不如意的事情。一旦遇到困难撞到了南墙，大多数的学生会产生一种不安的心理，会有种纠结的想法："做这些研究真的会出成果吗？它原本就有意义吗？"而如果通过工作中的一些微小的改良或改进跨过了那道坎，使得研究出现了哪怕是稍许的进展，学生都会有种小小的成就感，自信心也油然而生，并在那之后会不断地将研究工作推进下去。这就如同下了一点儿小工夫让实验设备重新正常运转起来了，或者因灵机一动而解出了一道让人困扰已久的方程式那样，**最初的一个小小的成功滋味，会成为科研人员开始奔跑的重要契机**。而一旦扣动了这所谓的"扳机"，那么有干劲的学生就会以强劲的势头迈开脚步奔跑起来。

    下面是我进入研究生院做硕士研究生，刚刚开始做研究时的一个故事。我当时从导师井野正三教授（现在是东京大学的名誉教授）那里领来课题，着手做实验了。井野教授因名为电子衍射的实验手段而闻名于世，他给我的研究课题是检测电子衍射实验中产生的 X 射线。教授给我的指示是："你要在小于 0.1°的高精度下从不同的角度去检测 X 射线的强度，从中你也许会观察到一些有意思的现象。"可是，当时研究室的电子衍射实验设备是无法在精确改变样品的倾斜角度的条件下检测 X 射线的。为了达成这一目的，我花了一个来月的时间在考虑如何实现精密地改变角度。虽然可以专门为其设计制作零部件以达到精密控制样品倾斜角度的目的,但那需要花很多钱。

　　某天晚上,我在家附近的澡堂里泡澡的时候,突然灵光一现想出了一个主意(就像阿基米德那样):只要把一个叫作样品托的实验零部件取下来,转 90°之后再重新装上去,似乎就可以解决问题了。详细说明的话过于专业,大致说来就是,在电子衍射的精密实验当中需要有个能精确转动角度的部件,但该部件的角度转动方向与样品倾斜方向正好相差 90°,而在我这次的实验当中,并不需要在原来的那个转动方向上精密控制角度,所以我把样品托的安装方向改变 90°之后,就可以利用该转动角度的部件去控制样品的倾斜度,以此来实现对 X 射线入射角度的改变。

　　在那个实验设备上,先入为主的观念会认为不能将样品托换个方向安装,而且,对一年级硕士研究生来说,以一种前所未有的方式去使用教授的高价而重要的实验设备也是一件无法想象的事情。所以,这个想法虽然很简单,但我一开始却总也没能想出来。

　　事实上我按照那个想法试着做了做,结果实验如设想般顺利。我发现在倾斜角度为 0.7°左右的时候,所关注的能量范围处的 X 射线强度会出现急剧增加的现象。于是,尽管我当时还只是硕士一年级学生,却也能在秋季学术会议上汇报我的这一发现。

　　改变 180°的视角去看待事物,这被称为"哥白尼式反转",但世间之事往往在反转了 180°后又回到了原位(物理学上这被称为二重对称性),所以从这个意义上来说,180°的反转变得没有了意义。但是，像我这次一样，看问题的角度仅仅改变了 90°，就柳暗花明地有了新的发现，对此，我自娱自乐地将其称为"长谷川式反转"。

在此我插一些闲话。如前所述，这个想法是我在澡堂的浴缸里灵光一现想出来的。自古就说灵感总出现在"马背上""枕头上"和"马桶上"。当人泡在浴缸里的时候，身体处于卸力放松的状态，外来干扰（电话、邮件和来客等）也被完全隔绝了，于是灵感就会闪现而出。我至今的经验也是如此，在枕头上、马桶上和浴缸中，有过多次的灵光闪现。不过，如果当时不马上将想法记录下来的话，过后基本上就会忘得一干二净了。

再说回我的那个故事。在那之后，为了弄清楚为什么在 0.7° 的角度上会出现那种特殊现象，我学习了有关 X 射线的基础知识，最终搞清楚了其中的原因。在此基础上，我进一步在实验上展示了利用该特殊现象，可以实现原来非常困难的高感度测量，并将该成果整理成硕士论文，随后还写出了一篇英文论文发表在了学术期刊上。

做研究就像这样，在研究期间，还要不时地学习必要的知识以推动研究的进展。我的导师井野教授有个比喻说得很是巧妙："所谓研究，就像是跑马拉松，中间有时还要吃个手捏饭团。"对于每位科研人员来说，随着研究的进展，所需要的知识是不同的，所以大家都经常要学习新的东西。即便所用知识是已知的，将从未尝试过的独特的知识组合与适用方式用于自己的研究当中，也可能产生新的发现。**重要的是，要一直保持着一种灵活的**

思考方式与热情，能够在必要的时候学习掌握必要的知识和
技术。

▶ "不管怎样先做做看"的重要性

在半个多世纪之前的一本名著《专业创造力》[*Professional Creativity*，作者为尤金·冯法兰（Eugene Von Fange）]当中，对创造性的定义是这么说的："所谓创造，是<u>既存要素</u>的新组合，而非更多。"因此，在研究过程中有必要学习"既存要素"，但如果只是简单地延续（从基础教育）至大学为止的那种学习方式，是不会产生创造性或者独创性的东西的。要配合自己的研究，将已知的知识用一种全新的方式组合起来，方可孕育出独创性成果来。

在此我可以断言，并非一定要将自己研究领域的相关知识全部学习完了之后才能开展可产生新发现的研究。常有大学生会担心地问："如果不把本领域的最前沿知识全都学到，不弄清楚当前已知程度的话，岂不是无法研究那些未知的东西吗？"其实不然。如果要将当前最前沿的所有知识全部都学一遍，那可能得耗尽一个人的一生。需要学习的最前沿领域其实是非常窄的一部分。导师和学长拥有在一定程度上较广范围的知识，所以我建议学生要听从导师的建议，**不管怎样不要太过担心，先只在与自己的研究相关的较窄范围内学习，将研究不断推进下去**。然后，必要的话，再在"跑动当中"加强学习即可。

此外，即便在对已有研究的调查中发现，过去有人已经做过

与自己同样的研究了，但由于他们的实验条件和样品制备等方面总会与自己的存在些细微的差别，所以两者的研究结论有时候并不一定完全相同。由此可见，研究当中重要的一点是，**不要拘泥于已有研究，不管怎样都应该基于自己的想法去试着做做看。**

不过，也有科研人员对此意见持不同看法。有些批判性的意见认为，像上述情况，与已有研究相比只是实验条件或者样品制备方法上有了稍许的不同，就无限制地做下去，其结果会导致发表论文数量的过度竞争与专业的过度细分化。

的确也许会是如此结果，但我对此看法无法完全赞同。至少是对于刚刚开始起步的研究生来说，作为他们最初的研究体验，做些与已有工作相似的研究或者穷举性的研究并不是一种浪费。我认为这是适合他们学习研究技能和方法的一种教育手段。而且即便是开展这种类型的研究，也有可能做出一些成果，补足该研究的基础理论，或者发现该基础理论的破绽。因此，不要纠结于是否是已有人做过的研究，按照自己的想法不断地推进研究便好。

对于到此为止的介绍，也许会有读者觉得，"什么呀，研究是这样随意的啊""学习是按部就班地学习系统化的学问，但与其相比，研究却是漫无计划、顺其自然的啊"。在某种程度上，我想的确如此。

像这样不断积累片段化的、非系统性的发现和发明，并将其融入知识体系当中，科学技术和学问知识便得以发展下去。所以基本上，与学习相比，研究是一个效率极低的知识性活动，需要众多的科研人员长时间投入其中。**研究就是个低效率的工作。**

在有关科学行政或大学改革的新闻报道中常常听到"研究的效率化"这个词，但我认为这完全是个自相矛盾的思考方式。想想看，学生仅仅用半年时间，通过 15 次左右的 90 分钟的课程，就能学到天才学者耗尽一生孜孜不倦做研究才构建起来的学问体系，学习与研究的区别便可想而知了。天才物理学家爱因斯坦花了 10 年以上的时间研究创建出来的相对论理论，通过仅仅半年时间的课程就能学习下来，这绝非因为学生都是胜过爱因斯坦的天才。

▶ 教授和学生的关系——船老大和钓鱼客

接着前面关于我"起跑"时的经验之谈继续说。其实，井野教授在我进研究室之前就已亲自做过同样的实验了，只不过那时候没有去精密地控制样品的倾斜角。因此，我在 0.7°这个角度所发现的特殊现象，在井野教授做的时候时隐时现，可重复性很差。井野教授说，当时并不知道该现象会在什么条件下出现，还曾想过那是不是因为哪里出错了。不过我认为，如果井野教授想到了在测量的时候精确改变样品的角度，也许是可以有所发现的。所以可以说，井野教授给我布置了一个聚焦性相当高的研究课题。

只有在我发现了该特殊现象所发生的角度是 0.7°这个具体数值的基础之上，才有可能去探究该现象背后的原因。所以，没有教授的最初指导就没有这个发现,但没有我的灵光一现和具体的实验的话,也不会有什么发现(或者说发现会被推后),教授和我对此发现都做出了不可或缺的贡献。假如这个发现可以获得诺贝尔奖的话(虽然这是不可能的),诺贝尔奖评审委员会估计会为不知该只给教授还是也要给我而苦恼。所谓教授的指导和学生的贡献,很多情况就是这样一种情况。

历史上有个类似的例子很出名,是关于发现脉冲星的故事。英国的射电天文学家安东尼·休伊什教授和学生一起建造了射电望远镜用于星体观测。有一天,研究生乔瑟琳·贝尔从射电望远镜得到的数据当中发现了奇妙的信号,后来才弄清楚那是来自脉冲星的周期性强弱变化的电波。但是,1974年的诺贝尔物理学奖只授予了休伊什教授,第一发现者贝尔则未获奖。"贝尔也应该和教授一起获奖"和"学生只是参与了教授设计的研究项目并实施了观测,没有获奖的必要"这两种观点都有,诺贝尔奖评审委员会也为此苦恼了好一番。据说贝尔曾说过,她自己凭着这个发现获得了博士学位,在报道这个发现的论文里也是共同作者,这就已经足够了。

有个常见的比喻说,教授和学生之间的关系就像海钓客船的船老大与钓鱼客之间的关系。教授是客船的船老大,知道哪儿有很多鱼,让钓鱼客坐上船带着他们去那儿,但实际上垂钓的不是船老大而是钓鱼客,亦即学生。因此,既有钓上大鲷鱼的学生,也有只能钓到小鱼的学生,还有什么都钓不到的学生。钓到美味鲷鱼的功劳是学生的,但带他去钓鱼场的船老大的贡献也同等重要。相反,若是什么都没钓到学生自己当然是有责任的,但只要不是那个学生极度懈怠，责任的一部分也应该要归咎于身为船老大的教授。钓鱼客也许可以向船老大抱怨说，我是因为只带了钓乌贼的钓具和诱饵，可却被你带到了没有乌贼的地方，所以才什么都没钓到的。

总而言之，我从这个硕士研究生期间小小的成功经历上感受到了快乐，在科研人员的道路上迈开了步伐。挑战意义重大的研究课题，经过数年默默地闷头努力终于取得成果的研究当然是很了不起的，不过，要是都从意义重大但困难重重的研究课题着手做的话，可能像我这样忍耐力较弱的人在中途就会产生厌恶之感而无法成为科研人员了。因此，我非常感谢井野教授一开始给予了我很快就能出成果的小课题。

不过，当然也不能忘掉了"大志"。将可构筑一个新学问体系的重大研究课题置于头脑中的一隅，同时开展小课题的研究，这被称为"并行处理"，我将在后面的第四章阐述其中的诀窍。这种"并行处理"对科研人员的顺畅发展是很重要的。一旦成为专业的科研人员，就要持续不断产出具有一定水准的研究成果。就好比专业棒球选手，如果只想着打出全垒打，是不会获得教练的重视的。而即便是单垒打，只要该棒球选手能保持平稳的打击率，他就能进一步增加自己的出场机会。

我当导师也好多年了，若是问我给研究生新生布置的是不是都是一些难易程度适合初学者的研究课题的话，我只能回答"知易行难"。每个学生都有自己的个性。有些有毅力的学生，在硕士研究生期间搭建了实验设备，还没等测出有物理意义的实验数据就要毕业了，因而缺乏成功的体验，于是他就选择读博士研究生,继续开展未完成的课题。而有些学生因为没有感受到成功的经历从而产生失落感,于是在硕士研究生毕业后就找了工作,告别了科研人员的道路。但不论是哪种学生,我相信硕士研究生的两年间,研究经历对他们来说都是非常宝贵的。

我担任学科/专业的就业指导老师的时候,与许多公司的人力资源部门的人有过交流。我经常听到的话是,**公司并不看重求职者在研究生时期是否做出了研究成果**。言下之意是说研究经历本身是非常重要的,而非研究成果。作为公司来说,并不是在寻找进入公司后能按部就班工作的人,而是希望员工能开发出前所未有的新的产品或新的服务形式。因此,**具备做过探索未知答案的研究工作的经验**,是很有助益的。研究的真实写照,就如同在丛林中开辟出一条小道那样,需要一边工作的同时,一边压制心中的不安情绪。

▶ 科研人员的魅力——如艺术家般的自我表现

令科研人员格外欢喜兴奋的莫过于观察到了新的实验现象,或是制造出了世上独一无二且运行良好的仪器设备。发现了某个现象或者解决了某个问题的那一瞬间,科研人员会为唯有自己才知道一些尚不为世人所知之事的这一事实而欣喜若狂。当实现了谁都没成功过的测量,令屏幕上出现了谁都未曾获得过的实验数据,或者拍摄到了谁都未曾见到过的显微镜图像的时候,比起涌上心头的喜悦感,独自占有发现的事实这一优越感、扑通扑通的心跳和成就感,更会让全身"腾"地一下子热起来。哪怕那一发现在某个领域是微不足道的，那也莫不如是。

像这样的发现，从我的经验来说多是发生在深夜或者黎明前的实验室里。我想，也许科研人员是因为对那种快感上瘾了，所以才无法离开研究工作的。

然而，像这样激动人心的瞬间，在科研人员漫长的生涯当中难得可以经历几次。科研人员在日常工作当中，进展不顺的时候居多，总要过着苦闷烦恼的日子。还有，科研人员在很多时候要撰写科研经费或奖学金的申请书，有时就算研究成果未能达成预期目标，也要想办法完成结题报告，而事实上，这些工作根本不能让人感到快乐。尽管如此，科研人员也不会觉得厌烦，每天都默默地直面着自己的研究工作。那种心境，简直就像画家和作曲家等艺术家似的。

在酒井邦嘉撰写的《科研工作者这一工种》里面写道："研究也是自我个性的表现。若这么想的话，科研人员所追求的东西和艺术家所追求的自我表现其实也并没有什么区别。"

被认为与艺术毫无渊源的自然科学和技术的研究，如果突然有人说那是"展现自我个性"和"自我表现"的工作，估计会让大多不是科研人员的人难以理解吧。但对读到此处的本书读者来说，想必是能认同这句话的。用什么方法研究什么东西，研究到什么样的程度，课题设置和课题解决的方法以及所追寻的答案，这些对科研人员来说都是因人而异的，其原动力来源于从科研人员的内心深处喷涌而出的好奇心和探究心。有时候即便是在其他科研人员看来并没有什么价值的研究课题，也许对自己来说是很重要的。这正反映了科研人员的个性和价值观，研究也就成了自我表现的手段。

有的科研人员揪着一个课题深入而彻底地开展研究；有的科研人员将课题解决到一定程度后，就考虑要将其研究成果应用于产品生产当中；还有的科研人员则在一个课题上做出了一点成果后，就转移到另一个课题上去。科研人员自身的个性与价值观决定了他们的研究成果和研究风格是完全不同的。艺术家是通过自己的作品实现自我表现的，科研人员也是通过自己所做的研究来展现自我的。这也正是科研人员这一职业的魅力源泉。

我觉得研究还有另一种吸引优秀学生的魅力，那就是类似于使命感和雄心壮志之类的东西，是自古被称为"贵族风骨"（Noblesse Oblige，精英应该具有的使命感和责任感）的东西。

自己的研究成果有可能弄清楚人类常年不得其解的疑问，或者成为有益的产品，抑或有助于解决人类正面临的问题。如果夸张一点，我们可以说，研究的魅力也在于科研人员能胸怀大志与使命感，为人类社会做出贡献。听了2014年诺贝尔物理学奖获得者天野浩教授的演讲，知道他是怀着梦想和使命感，要开发出蓝光二极管，掀起显示与照明领域的革命，而进入赤崎勇教授的研究室的。天野教授说，他现在要开发紫外线二极管，用于杀菌，希望能为难以获得干净的饮用水的非洲人民做出贡献。

科研人员还有一个极大的魅力在于他可以有一个梦想，**梦想着自己每天在研究室里孜孜不倦地做着的研究，说不定就能改变整个世界**。想着可以颠覆人们迄今为止所持的某个观点或想法，或者实现以前连想都没想过的某项技术，梦想便可插翅高飞。科研人员因为胸怀**唯有自己方可成就其业**之大志，所以才能每日与困难斗争不懈，毫不气馁，坚持研究。

科研人员在每天的研究工作当中，越是因困难而感到艰辛，这样的梦想与壮志就会越膨胀，成为推动研究的原动力。唯有如此，在做出发现或发明的那一瞬间的感动，才会倍加深刻。利己性的金钱欲望、出人头地的欲望和名闻天下的欲望，其实并不成为与研究的艰难困苦持续斗争的原动力。只有靠着为人类做贡献的使命感和雄心壮志，才能培育出一颗宽广坚韧的心，一颗不为困难所折服的心。

第二章

研究生篇：
通向科研人员的助跑之道

▶ 从高中到大学前期课程——教养是后发制人

绝大多数人都是从小学、初中的时候，才开始逐渐认识到自己的特长和爱好的。很多人对此认识的契机是被老师表扬了，或者在竞赛中获奖了。一旦进入了高中，就会愈发清楚明了自己的长处和短处，以及怎么也改变不了的脾气和性格。

我非常喜欢数学和自然科学，也很擅长绘画手工和技术·家庭科，所以我毫不犹豫地选择了理科，并逐渐对自己有了清楚的认识："将来一定要成为科学家或技术人员"。我从高二的时候开始聚精会神地阅读《物理的散步道》等书籍，这是一个叫Logergist的物理学团体所写的系列文集。我非常自然地接触到了这些出现汤川秀树和朝永振一郎等诺贝尔奖学者名字的书，并由此逐渐对物理学有了憧憬。在我的眼中，从深层次思考自然界运行机制的学者，是非常"高大上"的。

一个人在考虑将来的时候，极其自然的选择是倾向于做自己喜欢的或擅长的事情。而且，如果有哪位先贤是自己所憧憬的人，那他所做的倾向性就会变得更为具体，这在现在来说就是角色榜样。仅仅靠梦想和憧憬当然是无法破浪前行的，但那种念想会在无意识当中成为默默推动自己驶入某个特定方向的原动力。

上了大学之后，我周围出现了许多优秀的同学，大家彼此之间相互激励，竞争之心也油然而生。这使得即便是立志于物理学和数学的同学，也会去阅读艰涩难懂的哲学和伦理学方面的书籍，使用深奥的语言，相互间颇为自信地探讨与争论问题。

很多大学在一二年级（教养课程）还没有开设真正的专业课程。但是，**在教养课程的阶段，哪怕你已经决定好了自己想要努力的专业方向，也不要仅限于在该方向上的学习，而是要博览群书，参加各种讲座**。尚未决定专业方向的学生就更要如此了。和朋友的对话交流当中，有很多是乍听上去似乎没什么意思，但却也会给彼此以刺激，让人学会从多视角看待问题。

在教养课程班或兴趣小组认识的朋友，很多都是不同专业方向的同学，大学毕业后，这样的交友关系会成为宝贵的人脉，很有助于自己研究领域的拓展。不过，包括我在内的很多人，可能到了40岁以后才会认识到，从这个意义上来说，大学一二年级阶段是超乎想象的重要，而正处于青春旺盛期的大学生多是认识不到这一点的。

有些事情希望大家能稍微留意一下。在班上或者兴趣小组里总会有一位颇有影响力的同学，成为人称"大声音"的意见领袖。大家要注意，不要在这些同学的影响下简单地决定自己应该努力的方向。自己真正想干什么？或者稍作夸张地说，自己的志向何在？更重要的是，对该方向而言，自己的适应性如何？是否有胜算？对于这些问题，大家要参考各种想法和意见，把手放在胸口认认真真地思考清楚之后，再决定自己应该努力的方向。

大家绝不能因人气或面子的因素去做决定。仅仅因为有人气就选择某个专业那是愚蠢至极的行为。有人气的领域竞争性就大，所以需要冷静地考虑自己是否能在该领域生存下去，更何况这种人气有可能忽地就烟消云散了。而人气低的领域为什么人气会低，如果详细调查一番的话，也许将来会变得大有前途也不一定。因此，很重要的一件事是，自己要去多做调查，看清楚该领域到底是有着上升空间，还是已经升至顶点而开始在走下坡路了。

大学前期课程中的教养教育，其目的在于让学生**培养出一种思维方式，能以宽广的视野"对比性"地审视自己将要进入的专业领域**。这对于选择自己要进入的专业领域来说是非常重要的时期。

常有人说科研人员往往会陷入"井底之蛙"或者"猫耳洞"的状态。当然，在一些特定的专业领域做最前沿的研究工作时，是有必要潜入"井底"将精力集中于一个课题之上，但同时也有必要具备内心的从容与见识，能时不时地从"井底"探出头来，看看周遭的状况。仅仅靠大学前期的教养课程是无法令学生养成这样的一种素养，但却应该能让学生认识并抓住契机，去学习并了解到这样的一种"素养"。**所谓教养，是指能将自己的专业和思考方式相对化的能力。**

▶ 从大学后期课程到研究生院——看清自己

我在大学后期进入了理学院物理系。这是为了贯彻我高中时代就立下的志向：成为物理学或者即便不是物理学领域但也与之相关的科研领域的专家。我进了物理系后大为惊讶地发现，在 60 人的同级生当中，超优秀的学生不是一两个，而是有20 到 30 个人。在那么高水平的同级生当中能学得好当然是非常令人兴奋的事情，但我渐渐地发现了自己与他们之间在能力与实力方面的差别，最终似乎"看清自己"是无法成为物理学家的，因为我自觉比不过那些超优秀的同学们。所以，我虽然在本科四年级的暑期参加了硕士研究生的入学考试，但也做好了若是落榜就无所眷恋地去企业就职的打算。我想着就算进了企业，也会有很多地方可以做与物理相关的研究，或者应用物理知识去研发产品，所以并没有非得去读研究生不可的想法。

在 20 世纪 80 年代初期，日本的经济状况处于泡沫刚刚形成的上升期，各地的企业都对基础研究表现出了旺盛的热情。那个时代的人们都在以发明于 20 世纪 40 年代后期的美国 AT&T 贝尔实验室的晶体管为例，说明基础学术研究成果可带来改变世界的产品。

"看清自己"并灵活地考虑毕业去向，与秉持雄心壮志和坚强意志去奋勇拼搏，这二者之间并不矛盾。先努力拼搏到极限看看，还是不行的话就要退而求其次，这样的态度不仅仅是在决定自己发展道路的时候，而且在做研究或者其他工作的时候，一般来说也都是很重要的。这并不是说简单地放弃目标了，而是说退一步海阔天空，以宽广的视野审视全局，朝着既定目标另辟蹊径。在研究当中，这个态度永远都是重要的，有很多时候，秉持"正面出击不行，那就迂回包抄侧面进攻"这一想法是非常关键的。不考虑任何退路而只知一味鲁莽地拼命向前，如此能成功的幸运之人，实在是屈指可数。

▶ 选择专业领域，选择研究室——探听出真心话

进入研究生院的时候（或者在有些大学是本科四年级开始做毕业论文研究的时候），就要选择专业领域，更为具体地说，就要选择想要加入的研究室。

在我所属的物理系，从宇宙物理、高能粒子/原子核物理、凝聚态物理、激光物理到生物物理等，有许多各种专业领域的研究室，其研究对象和研究风格完全不同。毕业后的就职去向也会因研究室而异，所以对学生来说，选择研究室的时候是站在了一个非常重要的"人生分岔路口"。

我大三的时候，距研究生入学考试还很早，就已经大致决定了打算深造的专业领域。如前所述，我在高中时代一说到物理就只知道汤川和朝永，因此脑子里只有原子核/高能物理。在大学学了物理，知道了物理领域的多样性，于是志愿也随之发生了变化。比起像汤川和朝永那样探究自然界机制本源的深远的理论研究，我觉得做一些有益于这个世界的研究更符合我的性情，于是对凝聚态物理开始有了兴趣。而且由于我喜欢图画手工和

技术·家庭学科,所以毫不犹豫地以实验而非理论研究作为我的志向。不过,其实真正的理由是,像高能粒子/原子核物理那样高深的领域,是前面说过的那些超优秀的同学们竞相加入的人气领域,自己缺乏和他们竞争的自信心。这才是我的真实的想法。

那么说到凝聚态物理,它里面也分很多研究方向,我为到底选择哪个研究室着实犹豫了好一阵子。在我大学四年级的时候,在第一章就已登场了的我的导师井野正三教授正好从其他大学调了过来,开设了"表面物理学"这一新领域的研究室。我想着,新领域应该还有蛮大的折腾空间,此后应该还会有很大的发展前景。而且,新的研究室里没有学长,这可比什么都好,因为自己可以自由而随意地做研究。凭着这些非科学方面的理由,我选择了这个研究室。不过,我这个选择方法倒也不见得不靠谱。这与求职时选择公司的情况是一样的,比起盯着有人气的大公司,新兴产业的新公司的发展前景也许会更大,更能让人怀揣梦想(不过风险当然也会大一些)。我当时就是这样选择了研究室。

在成熟的领域或成立时间较长的研究室里,知识、业绩以及实验设备的积累是庞大的,在其基础之上只要稍微做出一些新的研究结果,往往就能成为世界首创的成果,可以拿到学术会议上做报告,或者整理成论文在刊物上发表。这正是"站在巨人的肩膀上"的一种状态。而另一方面,在新成立的研究室里,设备和技术尚未得到充分的积累,也没有能给予指导的学长,所以会很辛苦。但话说回来,因为实验室的基础是自己亲手构建的,所以会觉得非常有干劲,能学到很多东西。这从长远来看,有时候反而更好。

然而,在专业领域和研究室的选择方面,像上述这般我自己曾做过的随遇而安式的选择方式,是无法向各位读者推荐的。参考在这几年当中,来我这里参观见学的报考研究生的学生们所提出的问题,我在下面整理了一些更为缜密的建议〔这些建议当中的一部分,也出现在了美国科学院编纂的《给致力成为科学家的年轻人们》(第三版)这一本优秀的入门书当中〕:

(1)首先,各个研究室的基本信息都会放在主页上。浏览主页上的评述和研究室负责人撰写的学会期刊的评述报道等,**先了解研究内容的概况**。很多研究室都会在主页上公开学术会议报告和论文刊发信息,这也是值得留意的地方。关注重点应在于研究室的研究生在学术会议报告和论文刊发方面是否有积极表现。该研究室的毕业生在哪些地方就职,是学术圈、企业还是政府部门? 有些时候还有转职去了媒体或金融行业的。看着这些例子,就能具体想象到自己的将来,这也是选择研究室的重要因素。

(2)其次,**一定要去访问研究室**。这是至关重要的。要通过邮件或电话取得预约后,访问教授并与其面谈。在请教授说明研究室的研究内容时,最重要的关注点是看能否感受到教授的热情。此外,还要直接向教授询问其研究和教育方针。问问教授诸如对学生有何期待,以前的学生是怎样拿到学位的,毕业生的就职状况如何,科研经费是否充足,等等问题。

(3)再次,如果可能的话,不只是教授,我还建议**试着与研**

究室的助教、职员以及高年级研究生直接对话交流。一旦进了研究室，每天和你长时间待在一起，直接给你细致指导的，绝大多数情况下都不是教授，而是研究室的学长。教授的为人如何虽然也很重要，但提前了解研究室的年轻成员的人品性格也同等的重要。时间合适的话，最好能和组员一起去吃个午饭。吃饭的时候，可以问些已经咨询过教授的同样的问题，比如研究室的研究风格和研究报告的状况等。比方说：

● 做研究的时候是每个人单独有个课题，还是几个人组成一个小团队开展合作研究，抑或是研究室全员一起研究同一个课题呢？

● 在多大程度上可以自由使用实验设备或大型计算机呢？

● 每周的组会都做些什么？

● 有没有老师不参加的自主讨论会？

● 学生在学术会议上做了报告会有多大程度的奖励，是否有出差补助？

● 是否会让学生到国外去参加国际学术会议？

● 论文刊发方面学生参与度如何，是否有可能做第一作者？

因为问的对象是年轻组员，所以可以坦诚而直接地问这些问题。而且，也可以印证在（2）当中从教授口中听到的信息（毕竟可能有些教授会做一些推销性的说明）。

（4）最后，**研究之外的研究室的活动**，比方说，迎新会和欢送会等的聚会、研究室的研讨旅行、体育活动、校园公开日时研究室的公开活动等，了解这些情况对掌握研究室的氛围特征很有帮助。成了研究室的新人后，会担当起上述各类活动的组织者。一旦进了研究室,绝大部分的生活时间就要与研究室的成员一起度过,所以需要了解的不单是研究内容,还有关于生活的各个方面。

对于(2)而言,从老师的角度来看,很难仅凭成绩优良这一点,就接收素未谋面的学生。为什么呢?因为老师和研究生之间的交往具有浓厚的人情成分在里面,这是大学生时代无可比拟的,所以彼此间的缘分也会成为重要的考量因素。

此外,和研究本身一样,(4)中所列的**研究内容以外的信息出乎意料的重要**。为了能让研究进展顺利,学生不但要从教授处获得金玉良言,来自研究室同伴的各种形式的支持也是不可或缺的,所以自己能否融入研究室的年轻成员的团队当中去,是一个很重要的关键点。作为结论,最重要的一点就在于,要考察包括教授在内的每一个人是否都兴致勃勃而且开心地和自己谈论研究上的那些事儿。

▶ 进入研究室——受教于学长而非教授

我很幸运,研究生入学考试及格了。进入了研究室,我从学长和年轻老师那里学到了无数细节性的东西,其中不但有学术方面的,诸如实验设备和电脑的使用方法、液氮的灌充法、课程的选择方法、在组会做报告的方法、论文的搜索方法、物品的购买方法以及如何与金属加工室大叔交流、与事务办公室交流等,还有生活方面的诸多事情,包括美味的饭店的选择、兼职、求职活动和约会的技巧等。

在此，若是要指出一个特别值得注意的地方，我会说"要迁就学长的时间而非自己的"。刚刚成为研究生的学生虽然很忙，但学长也在为自己的研究和生活忙碌着，他们是在忙中偷闲地指导着后辈。因此，在接受他们的指导时，心中应该牢记：不管学长是研究生、博士后还是助教，都要迁就他们的时间行事。

比方说，学长跑来对学弟或学妹说"我现在来教你这个实验仪器的使用方法"的时候，要是你回答说"哎呀，我正巧和朋友约好了现在要去玩的，请下次再教我吧"，然后就离开研究室的话，那么你就不用再想着让他教你了。学长这样的反应不是小心眼，而是理所当然的。当然，如果真是有无法通融的要紧事的话，那就要好好地跟学长把事情说明清楚，并当场约好改日再教自己。

说到"要迁就学长的时间而非自己的"，也许会让人有些不乐意，但**从学长处接受指导是有很大益处的。让学长教给自己研究相关的一些技术细节，会大幅提升自己的研究效率。**不管是实验方面还是理论方面，在研究中都会有无数的各个领域所特有的技术细节。单靠课本上学来的原理法是无法推进研究工作的。

让学长好好传授那些琐碎事情的秘诀是给学长的研究搭把手，被帮忙了的学长自然会高兴地教给学弟学妹各种事情。而且，在帮学长做研究的同时，也能够学习到各种技巧，一石二鸟。

在研究室里，听教授直接传授的机会和内容都不多，主要得从学长、助教和博士后等青年科研人员处学习许多东西。西川纯所著《积极奔跑入门》一书当中写道,自古以来所谓的"徒弟制度",师傅直接传授的东西很少,徒弟们是通过相互学习共同成长的。相传不管是在吉田松阴的松下村塾,还是在绪方洪庵的适适斋学塾,私塾生都是彼此间相互切磋交流,相互学习,老师教的东西就是让学生明白学习的意义所在。大学的研究室也是同样的氛围,可以说是"徒弟制度"运行于时代的最前沿。

学生与教授的接触机会和时间通常都是有限的,具体而言是在讨论研究方案的时候,对自己获得的数据与过去已有研究进行比较并做相关解释的时候,要购买高价物品的时候,或者要修理出了故障的仪器设备的时候等。有些研究室每周都有组会,每位学生要在会上报告自己的研究进展并与教授展开讨论;有些研究室则每个人每个月与教授约谈一两次,单独地讨论 1 个小时左右。因此,要想有效地利用从这样的教授处获得直接指导的机会,提前做好各项准备工作是很重要的。与教授之间开展有意义的讨论非常有利于加速研究工作的进展,也是自我表现的绝好机会。在进展状况报告中,教授最为期待的是时不时地会有学生展示出的一些令人瞠目的数据和对其漂亮的解释。当然,关于设备的故障修理等沉重话题的商谈也是很重要的。

在与教授的定期讨论当中,每次都不能缺少了主题内容。我听说有些学生为此而使用"暗招":每次只拿出一部分成果向教授汇报。但其实这是很糊涂的做法。若是**本周没有什么进展,就那么汇报也没关系**,教授是不会生气的。有种情况很常见：**在很长的一段时间都不见有任何进展的研究工作,可能会因为某个原因突然出现不连续的跳跃式的进展**。教授会为此隐忍等待。

我的导师井野教授有一条名言。他将看不见任何研究进展的那段时期称为"鸭子划水"。鸭子在水面上悠然自得悄无声息地前进的时候,在看不见的水面下,它的脚在不停地划动着。这正如(研究者们)在水面下努力地做着研究,当某一天力量积蓄充足了,研究成果就会突然呈现于目所能及的水面之上。

▶ 研究课题——开始很朦胧、模糊,随后慢慢地具体化

研究生(或本科四年级学生)进入研究室时,首先是从对研究课题的探索开始的。其具体做法会因研究室或研究领域的不同而不同,大致有以下几种类型:

(1)**"做什么都行"类型**。教授不提供研究方案,而是让学生探索出自己感兴趣的课题。学生先提出研究课题,再由教授给出各种建议,并在必要的时候帮着对课题做进一步的修正或聚焦。在这种类型当中,让那些对本研究领域还懵懵懂懂的新生"做什么都行,先自己制定一个研究课题"的话,他若是没有相当高的水平是做不来的。这种类型在理论型研究室出现得比较多,而在实验型研究室,因实验仪器的关系,会让学生在某一限定的范围内探索自己感兴趣的课题。也有些教授之所以采取这种类型,是考虑要借此机会,摸索出不局限于本研究室传统研究的新的研究方向。

（2）**"先在某个方向上做做看"类型**。兼顾研究室拥有的设备和已有的经验，教授仅给出一个大致的研究方向，让学生自己去将其具体化。教授会对学生说，你先用这台仪器设备做些什么测量看看吧。或者说，这种物质材料很有意思，你先用它做点什么研究看看吧。学生听后，就沿着教授指定的方向，独立自主地考虑具体该如何去做些什么样的研究工作。在第一章中说的我在硕士研究生期间的经历，就属于这种类型。

（3）**"多选一"类型**。教授准备了若干个具体的课题，给每个课题做了一定的说明后，让新生从中选择一个。这样的研究室有其自身的研究情况，所以很多的研究课题都顺应当时的研究进展而定，许多教授也会为新生准备难易度适中的课题。这种课题选择的类型虽然扎实，可以在一定程度上预见到研究成果，但有时候也会有教授想着要冒点险看看，从而给学生提出一些崭新的课题。

（4）**"就做这个吧"类型**。教授根据当前的研究进展，提出一个明确的研究计划，赋予新生一个明确的任务。这种类型往往出现在研究课题很有人气，竞争激烈，研究进展具有紧迫性的情况下。抑或是课题从属于某个大型研究项目，新生会被分配一个明确的任务。比方说，让新生去定量地校正来年就要发射升空的观测卫星所搭载的探测器的灵敏度和精度。

许多的研究室在一定程度上考虑到学生的自主性，会采取（1）—（3）的类型。在我的研究室里，每年的情况虽然稍有不同，但大都采取（2）和（3）或者两者居中的类型。在国立研究所或者企业研究所里，由于研究方向和内容都是由研究团队或者研究所整体来决定的，所以很多情况下都会给新生下达明确的研究任务。

不管是采取哪种类型，像那种"在高考试题当中给定了各种条件，谁来答题都只有一个相同答案的研究课题"是不存在的。研究工作开始要设定目标，并将研究方向具体化，所以令其步入正轨是需要花些时间的。在这过程当中，需要调研该领域的研究进展现状和已有研究等背景知识，学习必要的相关知识和实验技能，并逐步地为将要获得怎样的研究成果而绘制蓝图（尽管大多数情况下研究都无法如当初构想般开展下去）。

通常来说，新生首先是从教授、助教或研究生学长那里获得并通读典型的相关文献。为修习必要的研究技能，新生往往可以试着去重复已做过的实验或计算，以此作为研究工作的起点。新生通常要以"见习生"的身份跟着学长一段日子，以便修得研究技能。就像一个人要进入丛林的时候，如果不先检查一下自己的装备和技能，是不会贸然进入一个未知领域的。不过，有些人在进入丛林之后再一步步边走边攫取必要的知识和技能，这也是另一种务实的做法（如第一章所述）。

开始采集实验数据后，就要整理分析数据，积累到一定程度后要在研究室的组会上积极地汇报，并请教授和学长一起讨论。实验数据给多人看过后，会收获许多意见和建议，这对自己的研究会很有好处。

"我从没见过从这样的视角做这个研究的，很有意思。"

"这样的结果是老早就知道了的。"

"我以前也做过这样的研究，但后来因为如此这般的原因而放弃了。"

"前段时间在美国的学会上听到过和它较为相似的研究。"

如此种种,既会有鼓舞人心的评价,也会有令人失望的议论。不管怎样,**都要充分地借鉴教授和研究室学长们的知识和经验**。

本科生的毕业论文和硕士研究生的研究课题,大多是由教授提供的。与此相对应的是,进入博士课程后,就要求学生自己去探索研究课题。因为包括硕士研究阶段在内,博士生已经在本领域积累了两三年的研究经历,自己要是不能举出两三个研究课题备选的话是不行的。我甚至希望博士生能根据所属研究室所具备的设备条件和技能特点,向教授提议自己探索出的具有可行性的研究课题。针对那些被选课题,听了教授和助手的各种意见和建议后,博士生就能朝着可多出成果的方向边做轨道修正边稳步前行。博士研究生阶段是成为独立科研人员之前的最后一步,所以要有和硕士研究生完全不同的精气神。

▶ 何谓优秀的学生

经常会听到有人说,没有必要对优秀的学生多加指导,只要任其尽情地研究,他们自己就会闯出一条新的道路来。然而,大多数的学生只有在接受了导师对其研究方向上的指点之后才能发挥出主观能动性。给学生指定目标和手段都比较明确的研究课题,的确会让学生更容易上手,更容易出成果。所以导师要根据每一位学生的能力和性格加以区别对待,因材施教。

举个我研究室的一个优秀学生的例子。该学生在硕士期间做出了我所期待的研究成果,我觉得如果他博士阶段的研究课题顺着该方向继续做下去的话,能达到一个更高的境界,于是我给他建议了该方向上的一个研究课题。这个优秀的学生按照我指示的方向立马着手研究,很快就做出了一定程度的成果。没想到,他在组会上汇报了那些成果后说:"我在老师指示的课题做出了这样的成果,但并不怎么有意思。我想做一些新的如此这般不同的课题。"接着就演述了一个完全不同的研究课题的方案。我对此诧异不已。由于他清楚地阐述了与他所提议的新课题相关的已有研究状况、当前的问题所在、他自身的着手点以及在本研究室有望开展的研究计划,我非常赞同其观点,稍微提了些意见就决定让他开展该研究工作了。

与此形成鲜明对比的是那种眼高手低的"优秀"学生,若是不喜欢教授提出来的研究课题,他们只会罗列出一堆理由说那个课题是如何的没意思,而不去采取实际行动做实验验证其看法。非但如此,他们甚至还会堂而皇之地阐述自己想到的课题是如何的有意思。

然而,像上面说的那位**真正优秀的学生,对老师提出的研究课题会尽快地着手去做做看,通过实验数据来说明其结果是如何的没意思**。在此基础之上,再请求教授让自己做所想到的课题。这么一来,教授也就只能举手赞成了。教授们一直都在期望着像这样靠谱的优秀学生能不断地涌现出来,但从我的经验来看不得不说这是极其稀少的。

像这样的事情,我想在很多公司的上司和下属之间也是可能发生的。越是不行的下属,就越会边干活边抱怨。想要否定或者反驳上司所说的话,就应该**不要光说歪理,而要去动手做做看,拿着做出来的结果去说服上司**:"你看啊,这结果是多么的无聊嘛。"

上面提到的学生,后来做了自己提议的研究课题,获得了超出预想的成果,出色地获得了博士学位。那个研究课题现在已经发展成了我研究室的主要课题了。

关于研究课题,经常会听到诺贝尔奖级的伟大的科学家说一些类似这样意思的话:"要研究重要的而非琐碎的课题,那样才会做出独创性的有冲击力的研究。"但我却不太赞同此论调。为什么呢? 比方说要是问起我自己的研究是否重要,它虽然不如地球温室效应或 iPS 细胞(诱导性多能干细胞)的研究那么的重要,但我自认为它肯定是独创性的研究,这一点是错不了的。我甚至还想反问一句,难道不重要的研究就真的没有必要去做了吗?

关于我产生的这种想法,恰好最近在《给科研新人之赠言——江上不二夫想告诉大家的话》(笠井献一著)一书中看到的一段话引起了我的共鸣:"'应该做独创性的研究'已经成了人云亦云的口号,让人丧失独立自主性。……不要去过多地担心自己的工作是否具有独创性,应该要对自己的工作有信心,要热爱它,要坚定地迈着自己的步伐前行。"

这是多么棒的一段话! 真是鼓舞人心,给人以勇气。

类似意思的话在该书当中还有好几段。这里再介绍一段有关研究课题的话:"牛马式的研究和铜铁式的研究也没什么不好的。"

　　研究了牛或者铜之后，再试着去研究与之相似的马或者铁，亦即，稍微改变一下研究对象，做一些"回锅煎"似的研究，被称为"牛马式的研究"和"铜铁式的研究"。这一般是用来比喻不好的陈腐的研究的词语，但在该书当中，说的却是这样的研究并没什么不好的。它强调的是，**觉得已经研究了牛还去研究马肯定不会有新收获的这种先入为主的观念是不好的**。

　　若是让我这个凝聚态物理学的专家来说的话，我只能说，那些说研究了铜那么铁也是一样的所以没有必要再研究了，说在铜的研究之后对铁的研究是"回锅煎"的话，恰恰是对物理完全没什么理解的佐证。铜和铁可是完全不一样的金属。铁可以做成磁铁，但铜却不行。用铜发现了超导体并不意味着肯定可以用铁发现超导体。插一句闲话，在铜基超导体发现了 20 年之后，又发现了铁基超导体。对此，谁也不会批判说那是铜铁式的研究。不仅如此，甚至还有人说，因为铜基超导体获得了诺贝尔奖（1987 年柏诺兹和缪勒），所以铁基超导体（发现者是东京工业大学的细野秀雄教授）也应该获得诺贝尔奖。

　　由此可见，所谓牛马式的研究或铜铁式的研究，亦即列举式的研究，也是值得做做看的研究。我对此深表赞同。尤其是对刚刚步入科研人员行列的研究生来说，**模仿前人研究方法的同时改变研究对象**的做法，是一个很好的学习训练方式。而且，如果获得的结果与已有研究有所不同，也许就可能促生出有意义的科学发现，达到教育的目的。有时候，从该科学发现出发，也许还能做出实质性的重要的研究工作。所以，我是建议**初学者**

要做一些铜铁式的课题研究,瞄着"第二匹……"

做出独创性的发现或发明的科研人员当然是伟大的,但我们也不能忘了背后还有无数的(并不伟大的)科研人员的贡献,他们通过列举式的研究,将该发明或发现发展成了庞大的学问体系或有用的技术。虽然诺贝尔奖只授予最初的发现者,但后续那些模仿跟进及推广发展的研究也是具有重要价值的。

▶ 研究记录本和数据——科研人员的佐证

2014 年发生的 STAP 细胞事件①曾是一个非常热门的话题,从中可见,实验记录本,或者更具普遍意义上的研究记录本,是极其重要的。此外,还有必要重新审视处理实验数据的相关事宜。这是因为现在绝大多数的研究都是靠国家下拨的科研经费,亦即税金在支持的。研究中得出的结果和数据以及将其记录下来的研究记录本都不属于科研人员个人,而是属于科研人员所在的单位和研究室的。夸张点说,那都是公共财产。

现在的数据采集和分析都由计算机来完成了,但即便如此,手写的研究记录本还是不可或缺的。下面是做研究记录时要注

---

① 2014 年 1 月底,日本青年女科学家小保方晴子带领的课题组在《自然》杂志上发表了学术论文,宣称制作出了"万能细胞",简称 STAP 细胞,但论文发表后不久便被质疑有数据造假,且实验结果无法被重复。小保方晴子所属的日本理化学研究所为此成立了调查委员会,先于当年 4 月 1 日认定了该论文在写作方面有篡改和捏造数据等不当行为,后于当年 12 月 19 日正式宣布,所谓的 STAP 细胞无法被复制出来,小保方晴子提交了辞职书。这桩学术造假丑闻前后历时近一年才有了最终结论,小保方晴子的一位导师在这期间还为此自杀身亡。整个事件不但震动了整个日本学术界,也引发了日本社会的广泛关注和讨论。——译者注

意的几点。

- 用电脑做的图表和数据表格等**都要打印出来**贴在研究记录本上。要保存下来的不单单是电子数据,还要有纸质版的记录。

- 研究记录本不要用那种可自由增减的活页式的本子,而要用**固定纸张的本子**。

- 记录时不要用铅笔,而要用**圆珠笔等无法擦除的文具**。

在美国,研究记录本可用作发明日和发明人的佐证,所以研究记录本是极其重要的。在日本,虽然决定发明早晚的不是研究记录本,而是专利申请日,但研究记录本可以作为开展了研究工作的证据,或者在被怀疑研究上有作弊嫌疑的时候可以作为自证清白的证据,这些都是非常重要的。此外,听说有些大学最近开始要求将研究记录本和博士论文一起提交以接受审阅。

研究记录本和数据的所有权归单位和研究室,而记录下笔记和数据的科研人员只是在获得了教授或单位上司的许可后被赋予了复制的权利而已。因此,研究生毕业的时候或者科研人员调去其他研究机构的时候,只能复印研究记录本,而不可将其带走。我听说有学生觉得是自己采集获得的实验数据,于是在毕业的时候将实验室电脑里的数据全部删除后一走了之。这样做实在是太荒谬了。

如果像 18 世纪的亨利·卡文迪许(英国的化学家和物理学家,出名的大富豪)那样是用自己的钱做研究的话,自己独享数据倒是可以的,但在当下这已是不可能的了。即便是在民企研究所,数据和研究记录本那是自不必说的,还有仪器设备的设计图和说明书,以及研究报告所使用的 PPT 文件等与研究相关的一切东西,所有权都在所在单位。

其实,直到最近发生了 STAP 细胞事件之后,人们才开始高调议论这类事情。30 多年前我还是研究生的时候,虽然已经有了认真做研究记录的习惯,但完全没有认识到该记录本是大学和研究室的财物,那时也没有相关的教育。其实,我读硕士研究生的两年间记录的 10 多册研究记录本到现在都还存放在我家中。

不管怎样,认真记录研究笔记并将其留存下来是科研人员要做的第一要务。2014 年发生在日本的 STAP 细胞事件和横跨 2000 年、2001 年发生在美国贝尔实验室的舍恩事件①,两者被称为研究丑闻,都是因为没有研究记录本,从而无法证明研究的真实情况。

研究记录并没有统一的格式。不同的研究领域或研究室都有各自的风格,可以先从模仿学长的笔记着手记录,随后不自觉地就会形成自己的风格。另外,在有些研究室,一台设备会有几个人轮流使用,于是会配备一个该设备专用的研究记录本。使用该设备的所有科研人员都要在记录本上记录下做过些什么,凭借这些信息,就能追溯出这台设备当下的状况是经历了怎样的过程而来的。这么一来,当设备出现不良状况时,通过翻看过去的研究记录,有时也有助于找到问题发生的原因。

总而言之要"入乡随俗"。首先要学习研究室的惯常做法,之后如果有可以改善的地方,再提出建议来。正如剑道的学习

---

① 指德国年轻科学家舍恩(Jan Hendrik Schon)1998 年加入美国新泽西的贝尔实验室,2000 年开始通过伪造数据,用所谓的"分子晶体管"欺骗了《科学》《自然》等许多权威期刊。——译者注

方法"守破离"，首先要"遵守"研究室的规矩和风格，在此之后，如果发现了不合理的或者可以改进的地方，再踏入"破除"这一步，向学长或教授提出修改的建议。在 STAP 细胞事件当中，频繁出现在媒体报道当中的一句话"以自己的风格行事……"，其实就是跨越了"守"这一阶段。

实验失败了的数据和尝试性的"预备实验"的数据，亦即无法用于学术报告和论文当中的数据，我想是大量存在的，这些未使用的数据也应该要全部记录保存下来。有些数据即便当初觉得没有意义，过段时间重新审视时，也许会发现其实还是有意义的。此外，比如说在追溯实验设备从何时开始出现故障的时候，那些未使用的数据也有可能起到作用。

比较多的情况是将数据保存在电脑当中，这时要将路径名和文件名清楚地记录在研究记录本上，并且要定期给电脑上的数据做备份，包括未使用的数据在内。为了获得研究数据，昂贵的实验设备和电脑，以及为此而付出的电费等都是花了钱的，更何况还耗费了科研人员自身的宝贵时间，所以如果丢失了研究数据，那可真不是开玩笑的事儿。由于设备使用日程安排等因素，有时候是无法马上去重复做同一实验的。

我曾听说有学生因为硬盘崩溃而丢失了所有的数据，使得博士论文推迟了半年才写完（该事例当中，听说原始数据是保存在与设备相连的另一台电脑上，所以可以从头进行数据的分析和表格的制作，也就没有造成致命的打击）。因此，务必要经常给数据（撰写中的论文原稿和做好的图表数据等）做备份，并妥善保存。

据说，以《豺狼之日》和《奥迪萨密件》闻名于世的英国小说家弗雷德里克·福赛斯每天都重复地干一件事情：将当天的原稿复印一份后交由银行的金库保管。据说这是为了防止因火灾或盗窃导致原稿丢失，科研人员也许有必要仿效其做法。我对本书的原稿虽然不至于每天备份，但也是一边写，一边几天一次地从 PC 机上备份于闪存和研究室的服务器上。一想到"万一突然间不知何故会丢失掉文件"，就会有种担惊受怕的感觉，所以不备份是不行的。和福赛斯的原稿一样，科研人员长时间殚精竭虑采集到的研究数据也是非常宝贵的。

研究笔记除了作为公共财产具有重要意义之外，对科研人员个人而言也具有重要的意义。每天的研究工作中都做了些什么，想了些什么，因何而纠结，又因何而诧异，如此种种，**不单是做过的事情，还有想过的事情也都要记录下来，养成一种习惯**，在之后的日子里是会有用武之地的。要带着一种"明日之自己将成他人"的心情去记录笔记（严重的时候，甚至会忘了为何要做那个实验了）。如果不将稍纵即逝的念头写下来，它很快就会从记忆中逝去。而这种稍纵即逝的**念头是在实验或计算进行当中迸发出来的，成为研究进展或重大发现的契机**也说不定。于科研人员而言，研究笔记所具有的"完全备忘录"的作用是非常重要的。

▶ **不顺利的研究——不熟练、不走运、不中的**

研究进展不如一开始所计划得那般顺利是很正常的事情。

可以想到原因大致有技术不熟练、运气不好、准头偏失和效率低下等几个可能性。

对任何研究而言，都必然会需要一些其领域所特有的技术。下面这个例子在我的研究室里经常会出现：刚刚加入研究室的新生在学长或助教的指导下做一系列实验的时候能成功，或者是在那之后的一两个月里自己一个人做实验也能成功，但可能再过几个月就会渐渐地出现失败。其原因往往都是新生在不知不觉中**省略了一些做实验的步骤**。

在许多实验当中，需要经过若干个程序阶段，准备好样品后再进行测量。比方说，假定有这么一个过程：学长教的是将样品放入测量设备之前要用纯水洗上三遍，而自己一个人做的时候，有时洗了两次做做看没什么问题，实验也成功了，于是下次试着只洗一遍，还是发现没什么问题。这样一来，他/她就会忘掉样品应该要洗三遍这条指导意见，将做实验只需要洗一遍当作理所当然的事情了。洗上三遍应该是有其原因的，但新生并没有问过学长原因是什么，于是在对只洗过一遍的样品做了几次测量后，它对测量设备的不良影响日积月累下来，在某个节点就有可能导致测量无法正常进行下去。这时候学生却只会抱怨实验怎么就不明就里地失败了。学生会怀疑设备出现了故障，到处检查问题，最后才会发现原来是由于要洗三遍样品时偷了懒只洗了一遍，也只有在这个时候，学生才会知道样品要洗三遍的原因。

类似这样的问题还有很多。每一个实验步骤和顺序，甚至小至设备上的一颗螺丝钉，都有其存在的意义。理解这一点，对防止问题的发生是很重要的。**刚开始做实验时无论如何都要依葫芦画瓢地去做。那些步骤和顺序都是前人花了很多时间经过大量地反复尝试确定下来的，一旦被轻易地更改了，问题就会在被遗忘间发生。** 只有在精通和熟练了这些步骤和顺序后，才能尝试去改变它。

还有一类学生是将时间和劳力花费在了不怎么重要的地方，总也攻克不了研究的关键之处。要有效率地开展研究工作，首先应该粗放式地做一遍实验，大致掌握研究全貌，在找到关键之处后，再集中精力细致地实施实验。比如说，改变温度会导致某现象发生变化，那么在现象变化缓慢的温度区间以 10℃ 为间隔测量即可，但在现象变化激烈的温度区间则要以 0.1℃ 的间隔进行测量，这里面的诀窍是要随机应变地抓住关键之处开展研究。如果在所有的温度区间都以 0.1℃ 的间隔仔细测量的话会花上很长时间，等到了关键的温度区间，样品都有可能已经坏掉了。做事不得要领不单单只是说做得慢，有时候也还指无法达成工作目的的状况。

我一有机会就和学生说："**一上来就要用导弹攻击城堡的主楼。而不能从填埋外沟和内沟开始去攻击城堡。**"对于问题的核心部分，一开始就要去试着触碰一下，如果发现不会得到什么有意思的结果，那围着它细细开展研究也没什么意义，只是浪费时间而已。**研究就宛如去攻打一座尚不知其主帅是否在主楼的城堡一样，**从填埋外沟和内沟开始的正面攻击法虽说不错，但有时候最后主帅却并不在主楼里。所以，为了确定目标所指的敌方主帅是否在主楼里，首先得努力获取相关信息，如果只能获得否定的情报信息,那就应该绕过该城堡转而攻击其他的城堡。这是非常重要的,可以节省很多时间。

在很多研究指南书或讲义当中都会说"要稳健而逻辑清晰地开展研究",可是即便稳健地一步一个脚印地开展下去了,**如果其研究结果很无趣那也没什么意义**。而对于研究结果是否有意义,就如同城堡的主楼里是否有主帅,不单是学生,很多时候就连教授也不会知道。这就是研究。

对于流行的研究课题,其所期待的结果会很有吸引力,做这样的课题,就如同大家都知道主楼里确实是有主帅在似的,会有许多科研人员蜂拥而至。因此,科研人员在做流行课题时会在精神上获得一种安全感。而对于非流行的研究课题,就好似连攻击主楼到底有没有意义都不清楚那样,心中会感到非常不安,于是谁也不愿意去做了。在主楼里,也许会有大量的财宝和主帅一起等在那里,但也许什么都没有。

若是出现了什么问题导致研究进展不顺利的话,学生要在每周的组会上向教授报告,或者经常性地向学长请教。学长有着丰富的经验,低年级学生经历过的失败高年级学生基本上也都经历过。当然,对新的实验设备谁也没有经验,和学长或者教授商量的话他们会帮着一起分析思考。研究过程中向周边的人请教并寻求帮助不同于考试时的作弊行为,不但没有任何问题,反而是值得推荐的。**甚至可以说,能有效地从周边的科研人员那里获得帮助,是科研人员具有优秀的研究能力的表现**。一个人孤身奋战烦恼不已是效率最低的,应该要积极地向学长报告、联系、商量(报联商)。有观点认为,碰到各种设备上的故障和麻烦以及研究上的问题后,通过解决它们可以提升自己的"经验值",所以碰到问题其实是一种很好的训练机会。各种细致的技术和技巧往往不会出现在教科书或学术报告及论文当中,但与之相关的经验值,在研究当中却具有非常重要的决定性作用。这与到高中或大学为止的学习有着很大的区别。

做完实验后却得到了和预期相反的结果,这并不是失败。其原因要么是原来的预期是错误的,要么是实验的顺序或者参数弄错了,两者必占其一。如果是前者的话,也许是个大的发现也不一定,因为这意味着预想的基础理论有可能就是错的。而如果是后者,则是在不同的条件下得到了不同的结果,获得了新的知识,由此也可能产生新的大发现。除了诸如弄破了试管或弄坏了仪器设备等单纯的失败之外,其他所有失败的结果都有可能引起意想不到的发现。所以,**不要一失败了就垂头丧气地立马删除数据或扔掉样品**。要详细地调查数据,细致地观察变色的样品,认真地思考失败的原因。那些失败也许并不是失败。

有一个颇为有名的例子,是 2000 年诺贝尔化学奖得主白川英树研究聚乙炔的趣事。当时的研究人员将合成聚乙炔的催化剂的用量误弄成了 1 000 倍,使得本应形成粉末状的聚乙炔,变成了一块块的膜状,方才促成了具有导电性的高分子膜的发现。那种叫嚷着"失败啦",然后将看不顺眼的样品一扔了之的做法是什么也得不到的。其分水岭在于是否会有"欸,这是什么东西啊?"的念头。像这样的例子,也许其实就在你身边发生着。

▶ 跟随巨蟒的尾巴——孕育不连续的台阶式飞跃

有些研究会以一些小发现为契机获得台阶式的飞跃性进展。在做实验时会碰到让人觉得"咦,好奇怪啊"的事情,有时候这就是飞跃性进展或重大发现出现之前的征兆。如第一章所述,在我开展硕士研究时,井野教授留意到了他自己做实验当中时不时出现的一个奇怪现象,于是指示我将其详细调研一番,最终引发出一项研究成果。如果教授将这个奇怪的现象视为某个失误而忽略的话,那我硕士研究生期间的那个成果恐怕就没了,而学弟学妹在我毕业之后将该研究拓展开来写出的好几篇论文,恐怕也都没了。井野教授对学生说的一句口头禅是:"**如果在数据中发现了一些让人觉得异样或奇怪的地方,那也许就是'巨蟒的尾巴'。要紧紧地抓住这条尾巴,不要放手,顺藤摸瓜地跟进下去,也许就能看清楚整条巨蟒的样子。**"(当然,有很多情况也许是跟着以为是巨蟒的尾巴摸下去,结果却只是小青蛇的尾巴,让人失望。)在研究工作中,如果发现了一些征兆就要将其视为机会,在一定程度上穷追猛打一番。机会是在意想不到之处出现的。

学生常被教育说,要不带成见地客观地去观察分析数据。但有时候这样的指导意见在一些情况下也许并不见得妥当。比如说,要在数据中寻找出埋藏于噪声当中的微小信号的时候,如果不带些主观判断去找的话,也许毫无发现的可能。在这种情况下,**如果观察数据的时候带着主观判断,觉得在这附近应该存**

在一些有意义的信号，那么似乎往往就能够看得出来。对主观判断之处详细调查，降低噪声，提高灵敏度，有时候的确能清楚地看到一些漂亮的信号。**要动用这样的"直觉"，还是得依靠研究的经验值。通过观察相似的谱线或显微镜图像，可以培养出类似于手艺人的那种敏锐的直觉来。**

尤其是对自然科学，总被人盲目地认为（像考试问题那样）一定要理性而客观地去做研究。然而，在最前沿领域，凭借的其实是动物般的嗅觉和直觉。在学术报告或论文当中，**那些凭借第六感做出来的研究成果，往往是在实验发现之后再在理论上进行逻辑性的解释。不过在展示研究成果的时候，采取的形式却往往是在理论基础之上开展研究并发现该成果的。**因此，从外面看来是很难了解研究的实际情况的。在很多的研究成果当中，其最初的发现或发明是来自完全非逻辑且不连续的台阶式发展，其发展的契机具有偶然性。

在我大学四年级的时候，讲授原子核物理这门课程的有马朗人教授（后来做了日本东京大学校长、文部省大臣、科学技术厅厅长）在课堂上曾说过一段话让我至今未忘，其大意是："学习俳句挺好的，它会帮你培养出一种直觉能力，可以产生研究中的台阶式跳跃。你们大家可能觉得将公式变个形式并进行逻辑性思考就能有新的发现，但实际上并非如此。想法上不连续的台阶式飞跃是很有必要的。"有马教授不单单是原子核理论物理学家，还是位有名的俳句诗人。我在课堂上听到这段话的时候，恰恰就是觉得研究如同考试一般，对所问的问题只要建立公式，进行一定的变形后解答出来，就可促成新的发现，所以我记得当时自己对这段话是有一种很强烈的不认同感。

不过,当我成了科研人员并实实在在地开展研究工作之后,才开始渐渐地明白了有马教授所说的"培养不连续性飞跃的直觉能力"的意思。仅仅依靠理论上的一步步的思考来推进研究工作是有局限性的。要产生重要性的突破,是需要理论上无法说明的某种飞跃。而这种不连续性飞跃在之后再回过头去看的话,往往也是能在理论上说明得了的。事后则往往会反思当初为何就没有用上这样的理论去思考。

松尾芭蕉有一首众所周知的俳句:"古池呀——青蛙跳入水里的声音。"[①]为了表现被春天的青草覆盖了的古池四周的静寂,通过一只青蛙跳入池中时发出的"扑通"之声,衬托出静寂的氛围。这种想法上的飞跃,与有马教授所说的物理学研究当中的飞跃是相通的。我现在对此是愈发地感同身受了。

▶ 人得有些"空间"才好

我的研究生导师井野教授的另一句口头禅是:"仪器设备也好,人也好,都得稍微有些调整空间才好。"

对于一些仪器设备来说,经常会出现这么一种情况:在安装某个零件时,为了在 1 毫米的范围内对准位置,需要稍许移动该零件,以寻找最佳位置再将其固定住。我在研究生期间,曾设计并定制了一台设备的某个零件。当制作好的零件被安装到设

[①] 亦被译作:"悠悠古池畔,寂寞蛙儿跳下岸,水声轻如幻。"——译者注

备上时，两者匹配得非常紧密，其间完全没有丝毫的移动间隙，无法对位置进行细微的调整。当时，井野教授在说了上述名言之前还说了一句话："不按照稍微宽松的安装尺寸去设计是不行的。"稍微宽松的话可以留下微调空间，而严格按照尺寸去做的话就不能再做任何调整了，反而是不合适的。而所谓人也要稍微有些空间，意思是指人的想法和心情处于可调节变化的状态的话，那么做什么事情都会容易一些。这里所说的空间，是"心理上的从容"。

我曾带过一位极度认真的研究生，他对所有事情都喜欢据理而为，否则就会觉得心气不顺。在讨论实验计划的时候，我建议他在与之前完全不同的实验条件下试着做个测量看看，但这位学生对这种看似带有"消遣心情"的实验计划有非常大的抵触感，问我说："老师，有何必要在那么不靠谱的条件下做实验呢？"我回答道："这就是好玩嘛，做做看吧，也不知道会有什么结果出来。"一听这话，这位学生宛如烈火中烧般生气地说："老师，您这是在开玩笑吗？"尤其在成绩优秀的秀才型学生当中，似乎很多都是这样的。我觉得像这样过度的严谨较真很难在研究当中产生"不连续的飞跃"。若是没有心气上的"空间"，没有从容的心理，是很难获得台阶式的研究进展的。

还有一类学生，如同在高中和大学里学习一般，就愿意每天从早到晚在固定的时间段内认真地做实验、看论文，努力地开展研究工作。可一旦因研究室的联欢会或体育活动，抑或下午茶歇耽误了研究工作，他们就会觉得自己有所懈怠了，心情变得非常消沉，情绪也低落起来。打个比方来说，研究并不是 100 米的短程赛跑,而是像马拉松那样的长跑竞赛,如果严谨过度或者认真过度,中途就会精疲力竭地累趴下去。大家常说研究需要一颗"强大的心",但我认为并非如此。只要保持一颗从容的心,在注意适当休息的同时坚持不懈地努力,就算没有一颗"强大的心",也能做出一定的研究成果。

▶ 读博还是就职——对研究的决心

研究生阶段的必修课程是很少的,绝大多数的时间要花在研究上。从某种意义上来说,研究生可以自由地支配时间,但也并不因此会觉得有许多的空暇时间。如前所述,研究的准备工作、做实验或计算、购买必要的物品、修理调整仪器设备、整理分析数据、文献调研、研究室组会报告的准备、学术会议报告的准备,以及论文撰稿,如此种种需要做的事情可以说是堆积如山。学生如果以为教授或助教会将研究的准备工作都做好,自己只需要干研究当中最为重要、最有营养的那部分就行了的话,那可就大错特错了。学生是要从准备工作开始自己着手去做的(当然要在导师的指导和帮助下完成)。

打个比方来说,大学阶段及之前的学习或学生实验,如同是吃学校食堂的营养均衡的套餐一样,只要将套餐的食物都细细咀嚼后咽下即可,而研究生阶段的研究工作则是要自己从选购食材并开火烹饪开始做起。该过程本身就是成为科研人道路上的极为宝贵的训练,亦即所谓的 OJT(On-the-Job Training,在岗培训)。

进入大学后，从到高中为止的应试教育中解脱出来，有很多学生估计每天都是在兼职打工和社团活动中度过的。但到了研究生阶段，那样的时间一般会减少很多。为此，现在有很多大学通过各种方式对研究生给予经济资助。文部省设置了诸如"全球 COE 项目"和"一流研究生院项目"（Program for Leading Graduate School）之类的大笔预算（五年期限）。与我做研究生的 30 年前比起来，现在对研究生的经济资助已经变得非常丰厚了。此外，还有很多研究生受雇为 RA（研究助理），在开展研究工作的同时获得教授个人的科研经费的经济资助。总而言之，很多的大学都提供了一个可供学生专心于研究的环境，学生基本上不必去兼职打工。

尤其是成为博士研究生后，从年龄上来说已经不是学生了，有必要意识到应该要将研究作为自己的职业去专心对待。跟从本科生升入硕士研究生的时候相比，从硕士研究生升入博士研究生的时候，与研究正面硬碰硬的决心应该是不一样的。会有学生任性地说，有意思的事情我就做，没意思的事情我就不做。但不能总是处于这种"学生性情"的状态。自己将没意思的事情变得有意思即可，**要将梦想和憧憬暂且埋藏于心中，在博士研究生阶段养成一种可以持续地产出学术报告或论文的"专业意识"**。

研究生阶段包括大学本科毕业后的两年硕士阶段和之后的三年博士阶段。所以，即便是一直顺利地连续升学，硕士毕业的时候也是大约 24 岁了，博士毕业的时候大约 27 岁了。

许多学生在硕士一年级结束的时候会犹豫，硕士毕业后自己该继续读博深造还是该去企业或政府部门工作。如果想要工作的话很快就得开始求职了。对于学生而言，这是一个重要的人生分岔路口。

我在硕士毕业后放弃了博士升学的机会，选择去电子机械制造商日立制作所工作。其理由有好几条，第一条理由是家庭的经济状况不允许，父母告诉我说他们无法给我提供博士期间的学费和生活费。如前所述，当时基本上没有什么对研究生进行经济资助的政策或措施（只有需要偿还的贷学金），所以没有父母资助的话是无法攻读博士学位的。第二条理由是在硕士期间的研究已告一段落，有一种"做完了的成就感"。周期性地熬夜做实验，让我对于面向夜行货车司机的电台广播节目变得非常熟悉，也让我的体力很是吃不消。况且研究成果已经做出来了，完成了一篇期刊投稿论文，这让我觉得该课题做到这个程度已经很不错了。第三条理由是当时的日本正处在泡沫经济的鼎盛时期，企业的研究资金充足，看似有着锦绣前程。我当时还曾自大地认为："在穷匮的研究室里不论再怎么折腾来折腾去，也不会有什么太大的发展前途。"（在企业和大学里都有过研究经历后再回过头去看，才意识到当初的这个想法是完全错的。）第四条理由是前面也提到过的，与优秀的朋友相比，我觉得自己的能力稍差一些，所以缺乏读博深造、取得博士学位后在学术圈以学者的身份做下去的自信。因此，我想着不如干脆放弃读博，选择去企业里工作更好。

当时在硕士研究生二年级的暑假①，现在来说的话是正值

---

① 日本的学年是从春季学期开始的。——译者注

求职期间,我访问了六家公司的八个研究所。不管到了哪里,我都被企业的先进研究设施给镇住了,希望去企业工作的愿望变得愈发强烈。与企业恰恰相反,泡沫时期的大学是极度贫穷的。于是,我从数个企业的研究所当中,选择了日立制作所恰好在那一年新成立的基础研究所。

硕士毕业后是读博深造还是参加工作? 根据什么去做决定为好? 关于这个问题,每个人要考虑的具体情况不同,抛开经济方面的考量不说,我有几点建议,也许可供借鉴。

很多的学生直到大四都学业繁忙,光是应付布置下来的课题就已经要竭尽全力了,再加上要准备研究生入学考试,一般都没时间去认真地探究和思考自己的秉性与将来。所以,成为硕士研究生后,若是能平心静气地思考自己想做的事情,也许能看清楚自己是不是真的想要成为科研人员,是不是适合走科研人员之路,或者是不是有其他更想做的事情。

许多学生在硕士研究生的第一年,会看清楚自己想做的事情并构思自己的未来,毕业后就照着该方向参加工作去了。我担任系里的就业指导教师的时候,代表学校给学生写推荐信,其中有个学生想到了可以将物理学的理论应用到游戏当中去的几个点子,于是为了将其实现而去了游戏公司工作。那时正是一个可以让游戏公司创造出空前利益的时期。还有个学生觉得在硕士期间做够了研究工作,想要充分利用此经历,参与科学行政工作,于是去了文部省就职。如此这般,**硕士研究生的第一年也是对自己坦诚相待的宝贵的一年**。

另一方面,也有很多学生在硕士研究生的头一年,就像我那样在研究上获得了一点成功，感受到了研究的魅力，于是选择接着读博深造。不过，这在某种意义上来说是危险的，还是应该静下心来认真地思考为好。

还有一种情况的学生也很多：没有什么特别想做的事情，只是因为在硕士一年级的时候做出了一些研究成果，再加上老师的建议，感觉读博深造也挺好的，但其实自己对读博一事也并不是那么积极。

可别把博士研究生看成是硕士研究生的简单延续。博士研究生是成为独当一面的科研人员之前的一个重要阶段，很有必要以一种"将研究作为职业"的思想境界，自主地思考研究工作。因此，得具备了一定程度的"胜算"之后再决定攻读博士学位。也就是说，在升入博士研究生之前，要给博士研究生的三年制定一个大致的战略："如此这般地在这样的方向上找到研究的切入口，那么就有可能做出独创性的工作。"这就是与硕士研究生的不同之处，博士和硕士研究生所应具备的思想境界是完全不同的。

▶ 为人之气场——取得博士学位的收获

以前和现在对获得博士学位的理解有着很大的不同。

与我当学生的30年前相比，现在对于升入博士研究生，圆满取得博士学位一事的认识，似乎已变得很不一样了。以前有句谚语："长大了要么当博士，要么当大官。"代表了一种很强的成见：如果获得了博士学位，那就能进入学术圈，成为大学教员和学者。以前获得博士学位的学生是很少的,所以这一谚语所说的虽然是一种成见,但倒也很符合事实。

可是到了现在,每年获得博士学位的学生人数在倍增,不论哪个专业领域的博士学位获得者,他们的就职单位都变得多样化了:不仅有大学,还有 IT 企业和咨询公司等各类行业的企业以及私营和国立研究所。还有很多人在获得博士学位后,会去国内外的研究机构做博士后(博士研究员,postdoctoral researcher 的简称)以积累研究业绩。升入博士研究生然后变成大学教员的模式现在已经不再适用了。

反过来也可以说,现在获得博士学位之后,选择大学教员之外的各种职业的可能性变得更加宽广了。尤其是,在攻读博士学位过程中身体力行锻炼出来的各种能力,包括逻辑思维能力、信息收集能力、数据分析能力、对未知领域的挑战精神、做报告的能力和交流能力等,在研究之外的职业当中也能发挥重要的作用。因此,博士毕业生可以说是很"抢手"的(当然也得因人而异)。

都说民营企业对博士毕业生的聘用持比较消极的态度,但最近似乎有所变化。我在担任系里的就业指导老师的时候,经常听招聘公司的人事职员说:"就算是博士毕业生,如果不局限于自己的专业领域,对新事物能灵活应对且具有挑战意欲的话,我们也是非常愿意发聘用函的。"我多次听到人事部门的人议论说,很多的博士毕业生总是局限于自己的专业领域,思考方式僵硬,知识范围也比较狭隘。很久以前就有人指出过,许多学生为了获得博士学位而全身心投入研究当中,于是在不知不觉中,其思考方式变得非常简单直接。对此,我们要虚心接受批评,指导学生的我们教授一方也是有责任的。现在,经常有人提倡说,在博士研究生的教育当中,除了专业知识之外,还要培养学生广泛地俯瞰整个专业领域以及社会相关事物的一种能力。我认为,这对于让企业改变对博士毕业生的现有观感是很有帮助的。

在我写了学校推荐信的学生当中,有位研究生攻读的是粒子物理理论方面的博士学位,有望获得某电子机械制造公司的内定聘用。他说想在该公司做新型电子器件的开发研究方面的工作。由于是从研究粒子理论物理转为挑战电子器件,两者的专业领域可谓有天壤之别,我一开始对此惊诧不已,但随着对话的深入,我感觉这位学生头脑非常活络,能迅速理解对方说的话,这让我感触良多。该学生当时就让我觉得,他在公司人事部门的面试环节会得到很高的评价,虽然专业完全不同,但公司人事部门会非常看重他将来极大的发展空间。说到底,决定胜负成败的,还是要看人的发展空间如何。通过研究工作获得的专业知识和技能都是次要的,**受重视的是在研究中培养出来的综合"气场"**。

所以,在当今之社会,无须像 30 年前的我那样对攻读博士学位那么敬畏。基于从博士学位到大学教员这样一种古老的固有观念而形成的发展模式已经不复存在,多样的职业路径已然开启,升入博士研究生的心理障碍也已经变小了很多。

在我四五十岁之后的同学聚会和其他场合下经常会听到有人发出这样一种感慨:在博士研究生期间,对同一个课题进行彻底的刨根问底式的研究,是一段非常宝贵的经历和体验(我自己并没有这样的体验，只是依样画葫芦地转述而已）。博士论文和硕士论文的水平完全不同，要求有真正的新的发明或者发现。所以，博士研究生得拼了命地做研究，在最后的答辩会上，要努力回答评委老师提出来的大量的尖锐问题和批评意见，力证自己研究中的创新性。**经历过和没经历过"修罗场"的人区别何在？**我在做就业指导老师的时候就常听企业的人说，**博士和硕士所散发出来的"为人之气场"是完全不同的**。从我研究室毕业的学生来看，也能感觉到这一点。能完成独创性要求的博士论文，跨越这一非常高难度栏杆的人，的确是有其异于常人之处。

在另一方面，有些思想消极的学生，获得了博士学位却没当成大学教员而要去企业就职，就会感觉自己成了人生输家。对于有这种负面思维的学生，虽然我会鼓励他们说："像岛津的田中耕一和曾在日亚化学公司待过的中村修二两位那样，在企业里待着也是可以获得诺贝尔奖的。"但这到底是否有效果就不得而知了。

企业的人所批评的头脑僵硬的博士毕业生，说的也许就是这种负面思维型的学生吧。攻读博士学位的学生，考试成绩肯定都还比较好，这样的确就会有一些"偏差值偏高"的学生，思维方式是一维的。最近，大家都在议论应该如何培养学生具备高度专业化知识的同时，也具备多面性和多样化的价值观，以及应对各种事物时应具有的广阔的视角和视野。

再从另一个角度说一件事。有个大学四年级的学生，为了准备硕士研究生的入学考试来访问研究室的时候，问了一个让我颇为震惊的问题："听说有很多研究室并不怎么认真指导硕士毕业就工作的学生,而只是对希望继续攻读博士学位的学生才认真指导,这是真的吗?"至少我自己从未带有这样的意识去指导学生,也完全不知道学生竟带着这样的观点看待研究室里的指导状况。在决定每个新生的研究课题的时候,对于硕士毕业就要工作的学生,虽说只是两年时间的硕士课程,但也希望他能在毕业之前,经历一遍研究的"起承转结",亦即课题的设置、试行和展开,以及成果的总结汇报。因此,事实上也的确会暗中考虑给硕士论文设置一些在某个程度上可以完成的研究课题。相反地,对于打算攻读博士学位的学生,有时候会希望他们开展一些需要花上更多的时间、具有挑战性的研究课题。

但是,这样的考虑与是否认真指导无关。而且有时候,研究课题做下去一看,还可能与预想的情况相反:硕士课题比预想的更花时间,结果硕士论文最后只能将中间结果整理成报告;另一方面,本认为比较困难的博士课题,却可能意外地很顺利就做出了成果。所以,从我的经验来看,上述的区别并不总会朝着期待的方向发展。对打算继续读博和打算就业的硕士研究生在指导方面的区别,其实是来源于"教育"方面的考量。

我的研究室迄今为止已经运行近20年了,其间遇到过各种各样的学生。一旦硕士研究生确定好了毕业后的就职单位,不同的学生对其后直至毕业为止的研究态度会有很大的不同,大致可分为两类:一类学生的就职单位和工作岗位与现在做的研究或者物理专业完全没有关系,比如去银行或证券公司等单位,他们在拿到单位聘用资格后,对自己的研究就基本上失去了兴趣,其结果是会以一种较为随意的方式和敷衍的态度整理出硕士论文,然后毕业而去;还有一类学生正好相反,在转为文职工作并确定能拿到聘用书后,觉得自己这一辈子以后都不会再做实验研究工作了,于是就想着要为自己留下一份值得纪念的硕士论文,从而"为研究而燃烧生命"。每个人都有自己的价值观,所以不管是哪类学生,我认为都没问题。

有一个学生在他两年的硕士研究生期间,成天泡在实验当中,基本上是一个人独占了价值 2 000 万日元的名为扫描隧道显微镜的仪器。除了理所当然的硕士论文,他在研究生期间还以第一作者发表了三篇英文学术论文。他在毕业送别聚会上说:"我感觉就像是开着 2 000 万日元的奔驰车在到处兜风,实在是太值了。"而另外有一个学生,在他的毕业送别聚会上说:"比起我在某某大学四年级做毕业设计的时候连续几天的熬夜,在长谷川研究室做的硕士论文研究非常的轻松。如此轻松就拿到了硕士学位,实在是太值了。"当然,这位学生根本就没有做出什么可以投稿的研究成果来。

没想到的是,上述两位学生(毕业年度不同)出于完全相反的意思,都使用了"实在是太值了"这一句话,给我留下了深刻的印象。虽说他们都是研究生,可也有二十四五岁了,已经是堂堂正正的大人了。研究生院也不是义务教育,我认为每个人依着各自的想法度过这两年时间是很好的。在长谷川研究室待了两年,毕业的时候觉得"实在是太值了",不管是哪种情况,都还是不错的。

如上所述,我研究室的好几个硕士研究生在硕士论文中做出了非常好的研究工作,还写了论文投稿于英文学术期刊,毕业后就去参加工作了。还有不少学生完成的硕士论文水平很高，只要再往前踏一步就能做出博士论文来。这些优秀的学生在工作了几年后来研究室玩的时候，都会说起在公司被委以一定责任的工作。虽说硕士研究生只有两年的时间，我看**能做好研究的学生，在公司里就会成为能做事的人**。

▶ 所谓博士学位——获得悉数传授，成为专家的起航

有两种博士学位："课程博士"和"论文博士"。

在博士课程期间开展研究工作，将其研究成果整理成博士论文，并在答辩会上回答评委老师提出的质疑，使自己的独创性成果获得承认，这才能被授予可喜可贺的博士学位。经过这样的一个过程获得的学位被称为"课程博士"学位。

课程博士的标准是在获得硕士学位后的三年内修完博士课程。但是，正如前所述，博士论文需要有真正新的发现或发明，必须要切实地做出并展示世上谁都还没有发现或发明的研究成果。翻炒其他科研人员的剩饭是绝对不行的。因此，在有限的三年时间里完成如此高水平的研究内容并不是一件肯定就能成功的事儿。就算学生尽力拼搏，教授和研究室的教员们尽心支持，学生在三年内完成博士学业也是非常不容易的一件事儿。时常会存在一个现实的问题，原本计划好的研究成果不是百分之百都能在期限之内做出来。

这时候面临的问题是要将目标点下调多少。有时候只能在一个"如果再下调一点的话博士论文就不能及格了"的极限水平

处整理出博士论文。以剑道或柔道领域打比方，用漂亮的"一本"取胜当然是很棒的，但在很多情况下，都是靠抓和摔等技能积累"有效"点数，最后凭借"综合技能"获得胜利。所以，要获得博士学位，就要在三年里学习必要的战略和灵活的战术的变换，学习如何根据想象中的目标来制订计划，学习根据所剩时间的多少做现实性的调整。

实际上，不仅仅是研究内容，博士课程中最为重要的收获可以说是摆脱困境所需的那种"人之气场"。如果是怀着马虎随意的心情进入博士课程的话，也许经受不住这种严厉的考验，甚至有的学生的健康因此而受损。所以，大家要下定极大的决心去攻读博士学位。我在前面说过，现在读博的门槛比以前低多了，但获得博士学位的门槛还是和以前一样那么高。

我的情况前面已经说过了，在硕士毕业后就进了企业工作，在这种情况下获得的是"论文博士"学位。在企业的研究所里做出来的研究如果具备了充足的独创性，就可以将其整理成博士论文并向大学提出申请（当然是收费的），如果通过了答辩会上的严格审查，同样也能获得博士学位。课程博士和论文博士都是同样的博士学位，意味着作为该专业领域的科研人员获得了悉数传授。不过，论文博士是没有三年期限这类制约的，所以基本上不会经历课程博士可能陷入的困境。这到底是好是坏，就是另外一个问题了。

尽管话是这么说，但**获得了博士学位却并不能保证就"有饭碗"**。经常有人会自嘲地说："博士学位就是粘在脚底板上的饭粒，取下来也不能吃，不取下来又感觉难受。"这个说法虽然稍微夸张了些，但博士学位就像是作为独立的科研人员在科研圈子里生存下去的驾驶执照，是作为科研人员进入职场并继续发展下去的最基本资格。

尤其是去海外做研究员的时候是必须要有博士学位的。据说获得 2014 年诺贝尔物理学奖的中村修二博士，当年就职于日亚化学工业公司的时候去了美国，由于当时没有博士学位，所以无法获得研究员的待遇，只能以研究助理的身份工作。大家似乎都认为在海外获得博士学位（在美国等地称为 Ph. D）并不像在日本那么难。如果没有博士学位，不管你能力有多优秀，都不会被人视为一个堂堂正正的科研人员。

本章题为"通向科研人员的助跑之道"，在最后以获得博士学位的内容来结尾，是因为获得博士学位就意味着开始步入专职科研人员之路了。拷问每个科研人员真正实力的，是获得博士学位之后的事情。博士论文多多少少都是在教授、导师和助教的指导下做的工作。当然，通过博士论文，很多人做出了独创性高的优秀的研究成果，历史上有人凭借学生时代博士课程中所做的研究业绩，和教授一起获得了诺贝尔奖。但是，获得博士学位后，在各种意义上要独立地活跃地工作，树立一个"招牌"，这对科研人员的职业发展是极其重要的。

在获得博士学位后，有些人会将博士期间的研究进一步拓展深化下去，而有些人则相反，翻越出曾经待过的研究室的栅栏，在不同的研究领域开辟新天地。原来的导师则会从远处守望着这一叶小舟，看着它在奔往茫茫大海的过程中，渐渐地成长为一艘大船。

第三章

技术篇：
高质量完成研究成果的发表

▶ 学术会议报告——10 分钟剧场

当研究进展顺利,在一定程度上总结出了成果,就有机会在国内的学术会议上做报告。每个专业领域的学术会议一般每半年开一次,如果将每次在学术会议上做报告作为目标去制订研究计划的话,可以让研究进展产生节奏感而张弛有度。

参加学术会议时,可以听到许多和自己的研究课题相关的其他研究组的研究报告,这会成为很好的激励因素。但若是自己不做报告而只是去旁听,坦率地说,这种参加方式是稍显不足的,万一看到研究竞争者的研究进度较大,自己还会产生焦虑感。研究生和博士后等年轻的科研人员若想要每次都能在学术会议上做报告,重要的是要在平日的研究当中不断地取得进展。将若干次的会议报告内容衔接起来,就能构建出硕士论文或博士论文的框架。因此,年轻的科研人员要有效地利用好在学术会议上做报告的机会。

学术会议报告的申请截止日期往往是在开会的三四个月之前。**在截止日之前只要有了新的成果,就应该毫不犹豫地申请参加学术会议。**当然,申请之前需要征求教授和其他老师等合作科研人员的意见。有些科研人员有时候不想在学术会议上做报告,也许是因为他们不想让竞争者看到自己研究中途的进展,或者是在论文投稿之前都只想默默地封存结果,因为一旦在学术会议上做了报告,就有可能被竞争者提前获悉自己的想法。我虽然理解这种担忧,但却很不建议这样做。**因为一点点信息就会被人超越的研究不管怎样都不会是什么很了不起的研究**,我认为还是应该不断地在学术会议上汇报自己的研究成果。而且,《理科研究的规则指南》(坪田一男)一书中也写道:

"过于保护研究内容的人看上去是更不顺的。"

"给与取,只有自己提供了才有可能从对方那里获得信息。"

"释放出许多信息的科研人员肯定会获得同样多的信息。"

对此我很有同感。**学术会议应该是尚未发表于论文的信息的交换场所**,我们到底是要去灵活利用它还是让其消亡,这取决于科研人员。

与企业或其他团队开展合作研究的时候,情况就稍微有所不同了,必须要在双方互通有无的基础上诚实地对待保守秘密这一问题。因为还可能与专利挂钩,所以有必要在成果公开之前获得相关人员的认可(如果在学术会议报告后的 6 个月之内申请专利是没有问题的)。反过来说,对于那些自己或自己的教授一方无法掌控有关成果公开的主导权的合作研究,并不推荐去做。难得做出了研究成果却不能公开发表,那可不会算作自己的工作成果。弄不好的话,那些成果也许还不能写入硕士论文或博士论文当中。所以,**应该事先和自己的教授或合作科研人员确认好关于成果公开发表方面的规定**。

在 STAP 细胞事件发生之后，大家经常提及一件事。在以前，通常的顺序是在论文刊发之前，会在学术会议上公开发表研究成果，经过科研圈的"搓揉"之后才成文投稿。在有了新的发现之后，一般来说，会先在学术会议上做报告，听取该领域专家的大量意见，必要的话追加实验或重新构建论点，最后才总结整理成文。因此，那些让人觉得稀奇古怪的结果，会在学术会议发表阶段就被搓揉消灭掉了。然而，最近由于上述专利问题或科研人员之间竞争激烈的缘故，顺序反了过来。许多科研人员都指出了这一现状的问题所在。现在，很多的学术报告都是已经成文刊发的成果，很少能够获得新的信息了。学术会议对论文发表前的检查机能在逐渐地弱化，这是值得忧虑的问题。

形成这一风潮的原因，归根结底可以举出以下几项：研究资金的激烈竞争与科研人员之间的竞争激化、采用论文被引数对科研人员进行过度评价、研究成果和利益直接挂钩的倾向。据我分析，流行的研究课题相关的论文更容易在高影响因子（文献引用影响率）的期刊上发表，所以投身其中的科研人员就会更多，其结果是大家都去思考相似的研究内容，进而渐渐导致科研人员之间产生过度的保密主义和猜疑心。我感觉整个科研圈似乎让被引用数和影响因子束缚得太多了。

与前述书同一作者的另一本书《理科生的研究生活指南（第2版）》（坪田一郎）当中，建议大家在学术会议发表之前就将原著论文的草稿写好。该书作者说，比较好的状况是仅仅**在学术会议报告前大致完成草稿，但不要去投稿**。这并非仅仅是说草稿的撰写本身也是学术会议报告的一种事前准备，有一石二鸟之效，而是因为在做学术报告的时候，若是有些被问到的问题是自己原来并未注意到的，就可以重新梳理一遍论文并将这些讨论纳入其中。总而言之，重要的是将学术会议作为有成效的讨论之地加以灵活利用。**学术会议并非是已刊发论文的内容报告的形式典礼。**

关于学术报告的另一个常见问题是关于"预期发车"式的学术会议报告申请。有的时候虽然在申请截止日时新的成果还没有出来，但带着很快就会出来或者肯定会出来的这么一种期待感，申请了学术会议报告。我在过去也有过好几次未能如愿获得预期的新的研究成果的经历，所以我并不向学生推荐这种"预期发车"式的学术会议报告申请。

不过，我也见过很多学生，将这种"预期发车"作为自我加压的原动力，让自己倍加努力地开展研究工作，最终做出了好的研究成果。有了在三四个月之后就要做学术报告这一短期而明确的目标，对维持长期研究生活的活跃度也许是有帮助的。"预期发车"式的报告申请原则上只限于学生自己主动提出来的情况。如果学生来说："老师，我肯定会做出结果的，请让我申请吧。"那我多半都会同意。基本上，我建议不管是国内的还是国外的学术会议，只要有机会，就要勇敢地去挑战一下。当然，要事先和教授或团队的学术带头人商量并确认好是否会有学会参加费与差旅费的补助。

从教授一方的视角来看，学术报告还有另外一层隐蔽的意义所在。学术报告会也是一个"面试科研人员"和"选拔科研人员"的场所。当自己研究室的助教或博士后等职员将荣升或转职至其他大学等地方的时候，教授会在一两年前开始，在学术会议上以独特的眼光审视来自其他研究团队的学术报告，以寻找有望接任离职助教或博士后的"突出的"研究生。看到有研究生或博士后在与自己的相关研究领域里做了很好的学术报告，就会在一段时期内继续关注他们。如果发现了比较不错的研究生，教授会私下做些工作，比如和他/她的导师确认其博士毕业时间等。因此，学生和年轻的科研人员最好在脑海中有这么一个意识：**在学术会议上做报告是在学术圈子里表现自己的时候，是"科研人员求职活动"的重要机会。**如果在学术会议上不断地做出良好的学术报告，就肯定会受到某处的教授的关注："那个学生还真是不错啊。"

很多研究团队的报告练习都是在组会上进行的。在那之前，请务必要自己边一只手拿着秒表边自行练习一番。**学术报告给予的标准时间是 10 分钟**，再长也就是 15 分钟。这时间很短，所以有必要精查内容，抓住要领阐述清楚。好的报告会让人觉得内容充实，非 10 分钟所能囊括。常言道，一首歌就是一部 3 分钟剧场，**而优秀的学术报告可称得上是一部 10 分钟剧场**，能牢牢地抓住听众的心。

报告内容的展开有个所谓"起承转结"的模式，可以按照这个模式来组织语言和结构。

起：研究背景和自己研究的着眼点及目的。

承：研究手段和结果。

转：与先前研究或与其他观点进行比较讨论等。

结：呼应前述目的所做的结论。

10 分钟的报告肯定是可以严守此模式的。自己的**原创性要通过内容而非形式表现出来**。教授时不时地需要做 30 分钟左右时长的邀请报告,其报告形式会稍许不同。但 10 分钟的报告要将"守破离"中的"守"贯彻到底。

下面是几个不怎么好的学术报告的例子,读者可以对照看看自己的报告是否存在类似的问题。

- 开头阐述的研究目的与最后的结论没有相互呼应。

- 报告伊始不谈及研究目的(仅仅是介绍完所属研究室已做过的研究后,说明现在所做的是那些研究的后续工作)。

- 没有研究背景的说明,以至于对该研究的意义介绍得不够清楚。

- 缺乏"转"之环节中从各个角度的讨论而直接跳到了结论。

若是有生以来首次做学术报告,我建议写一份演讲稿。这样可以确认自己是否讲述了最小限度的内容,是否忘掉了重要的地方,是否将时间浪费在了不重要的说明之处,如此等等。此外,还要**慢慢地发声朗读演讲稿,检查自己是否能在 10 分钟之内读完**,必要的话要进行多次的修改。最终,无须将演讲稿的每字每句都记着,而是要记住每张幻灯片中应该要讲的内容。在组会上当着老师的面做演练的时候,可以边看着演讲稿边讲,但到了正式的报告台上,就不能这么做了。对每张幻灯片中不可说漏的重要内容,可以在幻灯片上写下来,以便能够自然顺畅地大致照着演讲稿进行下去。这也有助于听众更好地记录报告的要点。

学术报告的指南书有很多,我建议大家买一本来学习,这样可以从一开始就修习到对一辈子都有用的技巧。此外,在组会的演练当中,认真看其他学生的报告也是一个宝贵的学习机会。教授对其他学生的报告做出了怎样的"批判",不要作为第三者旁观而是应该将其视作对自己的指点。在我研究室的演练当中,我常常要对不同的学生多次提出相同的批评,这样有时会让我变得激动:"我对前面的学生说过些什么,你难道没听到吗?"

▶ 好的报告和差的报告——好的报告是"客人至上"

撇开研究内容不说,报告好坏之间的区别可以归结到"是否热情"这一点上。所谓"热情",并非是说要感情外露,声音洪亮并夸张地手舞足蹈地做报告(虽然这些要素在一定程度上也包含在内)。**在做报告的时候表露出希望听众能听得明白的心情是最为重要的,报告的技巧细节则退为其次。**

好的报告,亦即热情洋溢的报告,是要面向听众并向其倾诉。所谓面向听众,指的并非仅仅是字面上的意思:不要面对着屏幕喋喋不休,而是要面对听众说话(虽然这一层意思也很重要,常见的差的报告连听众都不看)。我说的是更为心理层面的意思:要意识到听众是带着怎样的期待在听报告的。这种**"顾客至上"的报告会自然地成为面向听众的报告**,自然地以热情的腔调说话。趁此热情之势将想讲的内容都讲清楚的报告,就会成为受人称赞的报告。说到"顾客至上",最后将要卖出去的东西销售殆尽的优秀营业员所具备的技巧,其实在做报告的时候也是很需要的。

在被称为公司经营管理"圣经"的《管理：任务、责任、实践》（*Management: Tasks，Responsibilities，Practices*，彼得·费迪南·德鲁克著）一书中写道："不要问'我们想卖掉什么'，而是要问'顾客想买什么'。"做报告也是同样的，给报告做准备的时候如果首先考虑到了听众对报告人有着什么样的期待，报告就肯定会受到好评。其要点在于传递出自己想说的内容。不仅限于研究生，年轻科研人员也往往倾向于优先考虑"自己该说些什么""研究成果当中哪些该怎样去说明"等问题，从而容易做出"本人至上"的报告，这是不好的。

所以，首先要考虑的是听众的类别，明确听众的知识层次与兴趣所在。即便是同一个研究成果的报告，因下面几类听众的不同，相信你也能想象得到，其报告的内容和呈现方式应该完全不同。

（a）同一专业领域的科研人员；

（b）专业稍有不同的各个领域的科研人员；

（c）完全是门外汉的一般人或初中生、高中生。

研究生的学术报告一般是面向（a）类听众，从某种意义上来说是最为简单的。这是因为听众的知识水平和自己的大致一样，而且听众想知道的内容大致也正是自己想讲的。一旦知识水平和关心之处和听众都大体一致了，那么即便有些说明不足的地方，听众也能"行间填补"式地加以理解。

另一方面，研究生也会有面对（c）类听众做报告的时候。最近外出宣讲活动（向普通市民公开的研究成果介绍讲座）也扩散到研究生层面,我经常听说有研究生跑到自己的高中母校,开展"上门授课"的活动。面对(c)类听众,不可详述自己研究的细节,而要将介绍重点放在本领域的概述、研究意义以及其中的有趣之处,这样也许才能从容而生动地做好报告。

最难的就是面对(b)类听众做报告了,更何况这种报告经常出现在关乎科研人员的职业晋升的重要场合。研究生在应聘助教或博士后研究员的时候,或者助教/研究员在晋升副教授等职位的时候,要在几个至二十来个评委面前做报告。这种情况下要求的大多都是面向(b)类听众的报告。还有,申请科研经费时被评审委员会叫去开"答辩会"时也是做(b)类报告。

这些情况下的评委,基本上都是与自己的专业研究领域稍微有些不同的科研人员。为此,要将听众的已有知识水平稍微降低一点,但同时又不能降低了报告的整体水平。那种要点明确、概述总结清晰明了的报告会受到好评。对于不同专业的科研人员,通过详细的数值、公式或显微镜图像等数据来展示成果,是很难传递出其中的重要性的,所以,要从研究的本质问题出发,清楚地说明研究成果的定位和意义,而不是成果的内容。即便专业领域有所差异,其相关的已有知识也稍有欠缺,但每一位听众都是有着各自深厚专业背景的科研人员,所以只要报告人能构建好主线并进行清楚的阐述,他们就能很好地理解报告人的研究的有趣之处和重要性。

如前所述,报告做得好坏可以说是在某种程度上决定科研人员"生与死"的重要事项,在科研人员职业生涯中的任何一个阶段都是如此。当然,这是以做出漂亮的研究成果并撰写出论文为前提的，但很多时候，即便是已经写出了非常棒的论文，在各种场合下做报告的水平的不同也会导致人们对科研人员的评价千差万别。这是因为**不仅同一专业领域的科研人员能对论文做出评价，不同领域的科研人员也能对报告做出评价**。而且，后者与对科研人员的整体评价是相关联的。要在科研人员圈子里显示出一定的存在感，论文和学术会议报告是一个套餐。**在国内和国际学术会议上做出令人印象深刻的报告，对科研人员的职业晋升具有决定性的重要作用。**

在研究室的组会、国内和国际学术会议上，会有很多机会听其他科研人员的研究报告。那时候，不要只是看研究成果的内容，还可以自己悄悄地评价一番那些报告做得是好是差。并且，将各个报告中好的和不好的地方清楚地记录下来，用以提升自己的报告质量（没必要跟报告人说记录的内容）。这样一来，就很快会比学长做的报告还要好。只听好的报告是不怎么能提升这方面的水平的，反而是差的报告更有助于学习，有助于改善自己的报告质量。因此，如前所述，在研究室练习学术会议报告的时候，要好好地看看其他研究生、学长和学弟学妹的报告，好好地观察老师批评的是哪些地方，表扬的又是哪些地方。

下面是我在某个国际学术会议上听大会报告时的事。当时坐在我邻座的正好是我认识的一位大学教授，我无意中看到他边听报告边在摘要手册的角落上划着"正"字。我小声地问了那位教授一句："你这是在做什么呢？"他小声回答说："我在数幻灯片的页数。"报告结束后，那位教授站起身来走的时候说了一句：

"35 分钟的报告用了 32 张幻灯片。虽然稍微有点多，嗯，还是可以作标本的。"我当时对此颇有些惊讶：竟然还有从这样的视角听大会报告的。由此我学到了一个欣赏大会报告的方式，不但只关注它的科学性的内容，还可以观察报告做得好坏与否。我现在参加学会的时候，就利用这种方法去听那些学术上我不感兴趣的报告。

我还有一个关于做报告的忠告是关于站立位置。会场布置允许的话，**右撇子的人就要站在面向屏幕的右侧，左撇子的人则是左侧**。对于这个原则，只要看 NHK 电视台天气预报讲解员的站位就会明白。在做报告的过程中，报告人会用激光笔或者教鞭指示出屏幕上他希望听众关注的地方，而他往往是用其惯用之手拿激光笔或者教鞭的。此时，如果他站在与上述相反的位置，那么其惯用之手就要在胸前绕个弯，或者导致背对听众的次数增多。那样的姿势不好，因为报告人要尽可能地面向听众，务必做到边看着听众边说话。右撇子的人用右手拿着教鞭，站在屏幕的右侧的话，在指示屏幕上的某处时，就能形成一个"敞开胸膛"的姿势。

实际上，这种"敞开胸膛"的姿势非常重要。**在做报告时"敞开胸膛"，是面向听众、接纳听众的不成文的信号，会加深听众的好印象**，据说这在心理学上是广为人知的。相反地，我也看到过很多报告人不但不敞开胸膛，还总是看着屏幕做报告，这种姿势不自觉地就给人以疏远听众、拒绝听众的感觉。若非对报告极有兴趣，报告人背对着听众的话，听众是无法"进入"那个报告里去的。许多听众那时只有一个念头："这个报告怎么还不早点结束呢!"

因此,请大家在做报告时将上述的站立位置牢记于心。即便是没有兴趣的听众,当面对面听人说话时,也会不自觉地听进去。有些会场由于布置的原因,无法让人站在正确的站立位置,即便如此,也要尽可能地"敞开胸膛"去做报告。现在,带有幻灯片文件控制功能的无线激光笔随处可买,报告人可以不局限于站在演讲台上的电脑前面,而是能在台上来回走动,选择一个自己方便的位置做报告。

顺便再说一句,有时会看到**有报告人将激光亮点在屏幕上转来转去,这是不可取的**。请不要将激光亮点动来动去,而应该仅在需要关注的地方停留两三秒钟。后者会让报告变得沉着而有厚重感。总是将激光笔转来转去,会让听众集中力下降,情绪也变得焦躁起来。

▶ 报告后的问答环节——露出破绽

10 分钟的报告结束后,通常会安排 5 分钟时长的问答环节,由报告人回答听众针对报告内容所提出的问题和意见。这个问答环节会清楚暴露出报告人的实力。即便报告人和老师一起将报告"炮制"得非常优秀,但如果报告人无法回答问题,就会露出破绽了。

问答环节中常见的一个不好的例子是报告人不等提问者把问题说完就将其打断并开始回答了。这导致有不少报告人拼命地说着不着边际的话,就连其他听众都知道那不是提问者想要听的内容。应该等听完所有的问题才开始回答为好。

还有一类常见的例子是虽然报告人把问题听完了,却由于报告人没有从提问者的角度去分析问题的本意而导致答非所问。出现这种情况的典型场景是报告人被问的问题出乎意料的简单而粗浅。报告人实在是做梦都想不到居然会有那么简单的问题提出来,反而在回答过程中自始至终都无法理解问题的本意所在。报告人每天都在深入思考着的研究内容,听众当中却会有很多人可能那天是头一次听到。在这种情况下,就要注意听众可能会问些非常基础甚或是极为幼稚的问题。如果能想象一下自己听别的科研人员做报告的时候,也就能马上理解了:头一次听其他科研人员做报告时,总会想去问一些粗浅的问题以此确认自己的理解。

像这样子,在某种意义上来说具有另一层用意的外行而质朴的问题,也会成为让报告人最难回答的问题。突然被问及"为什么要做那样的研究"时,报告人也许会一瞬间懵了,心里思绪万千:自己在报告伊始的"起"之部分,不是已经介绍了本研究的背景和意义了吗,怎么还会问这样的问题啊。对方是想听哪个层面上的回答呢?我是从该研究潮流开始重新说明一遍自己目前的研究动机好呢,还是从该研究潮流本身的根本意义开始说明好呢?

这样的问题也常常出现于面向初高中学生的科普报告。提问的初高中生自己并未想有什么深刻的含义,只是将自己感受到的问题直白地提出来而已。可对科研人员而言,有时候在开始思考如何去回答这类极其朴素的问题时,也会感悟到其中的深刻含义,所以千万不可轻视待之。

在学术会议报告的问答环节当中,经常会有深明其意的专家提出一些有的放矢、直击痛处的问题。这种情况下,这些专家恐怕是比报告人经验更丰富的老手,所以不正视问题、顾左右而言他般地回答是没有用的。问题被看穿了就要服气。诸如"谢谢您的指点。您提及的部分也是我们所关注的问题,但现在无法做出明确的答复,还在考虑当中"之类诚实的回答才能赢得好感。问答环节可是窥见人品的环节,一定要对其充分重视。

最令人头疼的是那些回答不出问题而沉默不语的报告人。**报告问答环节并不是口试,碰到不明白的问题回答不了也没关系**,但沉默不语却是最不好的表现。如果对问题思考了 5 秒钟还不明白的话,可以坦率地说:"我们以前没有想过这个问题,接下来我们会认真思考看看。谢谢您提出的这个问题。"这样会给人很好的印象。

对问题沉默不语的比较多的原因似乎是不太清楚问题的意思。在这种情况下,反问一句"没太明白您问题的意思,请再说得更为清楚一些"也不违反规则,可以大胆地问出声来。即便在国际会议上,也会经常出现因英语而不明白的问题,因此总会看见"Pardon"和"Could you say it again"等语句交叉而出的场景。不管是国内还是国际会议,不明白的时候都可以反问一句。在怎么都无法理解问题意思的时候,也可以请主持人帮着解释一下。主持人也许会用另一种表达方式将问题说一遍。不过,主持人也没理解问题的意思的时候,可能就会对提问者说:"还是在休息时间再讨论吧。"此后，在休息时间里是否真的讨论，就看提问者的热忱程度了。

有些学术会议或研讨会会设立"口头报告奖"之类的奖项，以表彰做出了优秀报告的研究生。其中的要点不只是报告过程本身，问答环节的表现也是非常重要的。夹杂在听众当中的评审员会从多个角度向成为奖项候选人的报告人提出诸如以下的问题：

• 这项研究的最初想法是老师还是你自己提出来的？你自己的创新性体现在哪里？

• 这项研究全部都是你自己做的吗？还是说你只负责了其中的一部分？如果是后者的话，哪一部分是你做的？

• 这项研究如果要进一步发展下去的话，有哪些可以做的？

• 关于这项研究的基础理论你是否真正理解了？

许多的研究都是团队做出来的，但口头报告奖也不可能表彰整个研究团队，所以评审员就要问出来报告人对该项研究成果的理解度和贡献度。从这个意义上来说，问答环节是很重要的。要想获奖，可以提前尽可能多地思考可能出现的"预料问答"。

获得这类口头报告奖了，就可以将其写入履历书和研究业绩表当中，有助于职业晋升和项目申请。即便所做报告的学术会议或研讨会再怎么小，竞争度再怎么低，**奖赏毕竟是奖赏，比起没有获得任何奖赏的人还是有优势的**。如果认为"这次的学术会议报告是自己的自信作品"，就要积极地报名申请口头报告奖。

▶ 张贴报告——信息收集

　　学术会议报告除了 10 分钟左右的口头报告外还有张贴报告。其形式是在 A0 尺寸的墙纸上打印出和口头报告一样的"起承转结"等内容，然后报告人在其前面站着，对三三两两络绎不绝前来的"观众"讲解自己的研究成果。同一时间段里，在如同体育馆般宽敞的报告会场中会有许多张贴报告的展示，观众们不可能只在某一个张贴报告上花费很长的时间。所以，需要报告人首先花上三四分钟对研究的概况做一个大致说明。

　　张贴报告说明环节，首先只要介绍做了哪些研究、获得了怎样的结果、结论是什么，而研究的背景、与先前研究的比较和讨论等内容就算列在了张贴报告上也要在最初说明的时候省略不讲。介绍中途有观众提问的时候再加以详细说明，这样虽然会稍许延长些时间，却能在回答问题的过程中将重点阐释清楚。在这过程中要求报告人根据观众的兴趣所在做详细的说明，有时还会进行深入的讨论，所以张贴报告的特征之一就在于能针对不同的对象，自由地把控说明时间和详细程度。

　　有时候做着相近课题或是具有共同兴趣的科研人员作为"观众"来了，并引发相当深入的讨论，那么就可以反过来听听"观众"的经验，让张贴报告变成有意义的交换信息的场所。张贴报告的一大益处就在于报告人也能因此受益匪浅。而且，张贴报告展览时间最少也有一两个小时，所以报告人和某位"观众"情投意合的话，可以长时间地进行有意义的讨论。2002 年诺贝尔化学奖得主田中耕一博士喜欢张贴报告是出了名的,他曾说过最喜欢和"观众"进行一对一的讨论和信息交换。与张贴报告形成鲜明对比的是,口头报告的特征在于能将自己的研究成果一次性地传递给会场上几十甚至上百名听众,但却由于时间有限,无法做深入的讨论。所以,要区分好口头报告和张贴报告,并做出均衡的选择。

一般来说,**张贴报告比口头报告更容易申请,而且紧张度较低**,所以**新手从张贴报告开始积累经验**也许会更好。此外,就算不是新手,如果是首次报告与自己之前做过的研究完全不同的崭新的课题成果,并由此而产生稍许不安的话,那么我建议做张贴报告。如果在该领域经验丰富的科研人员能来到张贴报告前给予许多建议,那可就谢天谢地了(不过,既会有正面的有益的建议,也会有负面的批判性的意见)。

▶ 论文刊发——科研人员最大的义务

研究的完结是将成果撰写成文并发表于学术期刊上。就算是在研究中做出了独创性的实验设备或计算程序,并深深地引以为豪,但**如果没有将因其而获得的研究成果整理成论文并公开发表,那么该设备或计算程序就没有任何意义,也不算是做了研究工作**。最终在科学史上留下来的只会是论文。我的导师井野教授曾说过,将自己在学术期刊上发表过的论文的单印本邮寄给那些相关领域的科研人员之后,研究才算是完结了。现如今网络发达,也许没必要再做到那种程度,但不管怎样也请大家想到,没有以论文的形式将研究成果公开发表于学术期刊上,研究就没有完结。

　　我研究室的毕业生做出的研究成果当中,有几项就是因为学生还没写出好的硕士论文或博士论文就进了公司工作,之后也不再关心其研究成果,于是就被放置于一旁而没被写成论文投稿于学术期刊。那些成果就这么被遗忘在了黑暗当中。我们是靠着税金做了研究工作的,所以应该有义务将值得公开的成果以论文的形式发表并留给历史。不这样做的话,其他科研人员可能会重复同样的研究,从而产生浪费。**将研究成果写成论文并公之于世是科研人员最基本的义务**。

　　论文还有另一个重要的意义所在:它是科研人员超越时空进行交流的唯一手段。在学术会议上做报告的时候,只能与在场的人交流,但论文的话,既可以让自己读到 100 年前的其他科研人员的论文受到启发,反过来也可以让自己的论文在 100 年后被远在国外的科研人员读到并受到影响。而且,如果做出了对以前论文的错误进行纠正的研究成果,将其写成论文公开发表的话也是对科学的发展做出了贡献。论文得以刊发后,会受到其他科研人员的检验,必要时会被修正,或者会成为进一步发展的基础。总而言之,论文刊发的积累就是科学发展的历程。因此,**如果不写论文,就对科学的发展没有贡献**。当然,所谓名留青史的论文真的只是沧海一粟,绝大多数的论文都成了"图书馆的藻屑",但自己的论文将何去何从并不是马上就能知道的。时间会决定一切,所以无论如何都要先将研究成果转化为论文。

　　从我的经验来讲,有些自我感觉非常好的论文会出乎意料地不被其他科研人员引用并由此而被淡忘,而有些以轻松的心情将一些小的发现整理成简单的文章并发表的论文反而会给阅读的科研人员以很大的影响并得到很高的论文引用数。你不会马上知道哪篇论文会成为历史性重要的著作,所以应该要做到**论文能出则出**。

经常会有科研人员感叹:"尽管做了很多的实验和调研,却无法写成论文。"这些科研人员往往在做研究的过程中,想要更为深入探究下去的心情会变得愈发强烈,于是一个接一个的研究不断地继续进行着,始终无法划界出撰写论文的阶段。当察觉到的时候,庞大的成果已经堆积成山,陷入了一种不知从何开始以及如何撰稿的境地。如前所述,研究是解决了一个课题后就会看到更有发展性的课题或者是更为深入的课题的一个过程,环环相扣,永无止境。因此,如果不下定决心在适当的阶段节点处总结已有成果,这一辈子都不可能写出论文来。研究生阶段因为存在硕士论文或者博士论文的截止日期,所以不论愿意与否都要划界出一个阶段来,但我还是建议大家在研究生在读期间也要划界出小的阶段来撰写学术期刊的投稿论文。不管你的测量或计算进行得多么顺畅,如果不将研究做到产出论文这一阶段来,那么你所做的所有努力都将成为泡影。

不过,问题在于撰写论文阶段的划界时机。有时候会看到有些论文给人的感觉是研究得不够彻底,如果稍微更深入一点的话可以写得更好。而我自己也有若干篇这样的论文曾让我为之反省:"刊发得还是稍微早了一点。"但我还是建议说,对某个课题的研究只要看到了一定的进展,完成了阶段性的工作,那就要在该阶段总结成果，撰文投稿。当然，请务必要和教授及合作者商量后再做决定。如果自己认为写论文的时机到了，就要积极地问教授："我想将当前的结果整理成文，您看可以吗？"

像这样将研究进行划界，并由此产生论文的态度，对科研人员的职业晋升来说是非常重要的。这就和职业棒球手不断地积累打球数和本垒打数目一样，科研人员是靠着论文数量的积累不断地提升功绩的。

有时候一个阶段性的研究成果会被分解成两篇论文刊发。当然，以增加论文数量而故意为之的"分割投稿"是不好的。**论文的主要观点原则上应该只有一个**。如果观点有若干个的话，就会使文章的主旨变得复杂难懂，倒不如将其分割成两篇或三篇论文为好。但明明可以将其统合在一篇论文当中却故意进行分割，也是不恰当的。

举一个恰当的分割投稿的例子，这在我的研究室将硕士或博士期间的研究成果写成学术期刊的投稿论文时曾多次出现过。比方说，对于开发研制出独创性的新的实验设备，并由此获得前所未有的实验数据的研究，可以将其分割成以下两篇论文：

- 以设备的研制与性能的报告为内容的论文；
- 以"从数据当中获得怎样的发现"之类的物理探究为主题的论文。

关于设备的论文向刊载技术和设备研发的专业期刊投稿，而着重于物理研究的论文则向物理学领域的期刊投稿。这样的情况如果总结成一篇文章反而会使论点模糊，论文变得无谓的冗长，也不利于读者阅读。基本上**没人愿意读长篇论文**。

不恰当的分割投稿之外,还有一种应避免的模式是重复投稿,即将已刊发论文当中的成果再一次撰写成另一篇论文去投稿。这里所指的论文是原创论文的意思,同样内容的原创论文是不能重复出现的。而且,将原创论文向某期刊投稿后,在收到审稿意见(后述)结果之前,将同一稿件投向另一期刊的行为也属于重复投稿,绝对不能这么做。应该等收到前一期刊的拒载通知后再向后一期刊投稿。

另一方面,对一系列的研究工作进行概括,或者对某领域的最新研究进展进行概括的综述文章,其中有对已出版的原创论文内容做摘要性的概述,则不属于重复投稿。此外,将学术会议上发表的成果写成论文投稿的行为也不是重复投稿。不过,有些会议要求报告人提交两三页纸的进展报告并公开发表。如果这种进展报告被认定为论文的话,那么之后就不能再以相同的内容刊发原创论文了。这一点要务必小心。当然,如果是在学术会议上发表的内容的基础之上又做出了进一步的成果,那么之后将其以原创论文的形式投稿则没有问题。

另外还要注意的一点是,对刊发在日本的学术期刊上以日文写成的原创论文,将其中的研究成果用英文重写一遍后投向其他学术期刊的行为也是违背伦理的。但如果做出了相对其内容有了进一步发展的成果,则可以再写成英文的原创论文。

不管是多么小的发现或发明,最初将其写成论文并发表的科研人员可以独占该项发现或发明的功绩。尤其是在研究的世界里,**只有第一才有意义,第二是没有意义的**。如果你不将研究成果写成论文发表,那就有可能会被其他的科研人员抢先将相同的研究结果写成论文发表。如此一来，就算你口口声声说"那是我几年前就发现的"，也毫无意义，谁也不会理会你的说法。因此，我建议大家要多与导师或合作科研人员沟通交流，积极地将成果转化成论文。最近，有许多期刊刊发只有两三页纸的短篇快报形式的论文，大家可以多加利用。

18 世纪末到 19 世纪的时候，在英国做研究的科学家卡文迪许曾使用由遗产继承得来的丰富的个人资金，做出了许多研究成果，但其中有许多成果都没有公开发表过。从他死后发现的他的研究笔记当中得知，现在所谓的库仑定律和欧姆定律，卡文迪许在库仑和欧姆发现的 10 年至 40 多年之前就已经发现了。如果他生前就将这些成果以论文的形式公之于众的话，那这些定律就要改名字了，并且会进一步加速科学的发展。总之，每次发表研究成果，接受学术界的评价或批判，都能对科学的进步有所贡献。

▶ 写好论文需要"看"大量的论文

论文是研究工作的一个终点，所以当研究在一定程度上开展起来并看到了方向的时候，就要**在脑海中浮现论文的图像并以此为主线推进研究工作**。这样的论文构思有助于形成非常具体的研究计划，有效地推动研究工作的进展。千万不要想着在整理了研究成果之后，才开始去构思内容，撰写文稿。

图是非常重要的。具体而言就是要构思出将要放入论文中的图的内容和形式，然后留意去一点一滴地采集"决定胜负的数据"。有种状况经常发生：在已经开始写论文的时候才会想，"不单只有这种条件，如果还有其他条件下的数据的话就能强化论点，让论文变得更完美。"这样一来，有时候就会去改变条件重新采集数据。为了避免出现这种效率低下的无用功，最好能在构思论文的主线和图的具体轮廓的同时，去采集数据，推进研究工作的进展。

论文的结构基本上遵从下列形式，与前述的学术会议报告一样，具有"起承转结"的过程。但是撰写论文草稿的顺序（根据领域或个人风格的不同有诸多不同）在很多情况下却不是按照"起承转结"进行的。我所建议的顺序如下：

（1）最先写论文的主体部分"研究结果与讨论"（Results and Discussion），亦即"承＋转"的部分。整理好研究所得的数据，并将其以论文图片的形式表现出来。必要的话还要将数据以表格（英文论文里是"Table"）的形式列出来。

（2）将做出来的图片排开来看。在条目框中写出从每一张图和每一个表格所能得出的结论，并将其衔接起来。比如说，将与观点有直接关联的图放在最前面，并在条目框中写下由此得出的观点。

（3）展示出与上述不同的条件下得到的数据图，以展现它与主要观点的吻合度，从而强化观点。

（4）展示出为探究主要观点而做的其他研究数据，以此在更深的层面展开讨论。

见图 3-1。甲（Tittle／论文题目），引发读者兴趣的有吸引力的题目，含有重要的关键词。

甲High-resolution measurements of X-ray . . .

Alice, Bob, and Charlie
乙*Department of Physics, Example University, 1-2-3 Otowa
Bunkyo-ku, Tokyo 123-4567, Japan*

丙We report spectroscopic measurements of the energy of X-ray
emission at various angles of . . . .

1. Introduction
丁Recent studies have revealed that X-ray wavelength of the excited . . . .

2. Method
戊Our experiment setup consists of a variable-angle spectrometer and . . . .

3. Results and Discussion
己 Fig. 1 shows our experimental results.
The emission intensity as a function of the
angle takes a peak value at . . . .

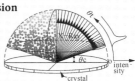

Fig. 1: X-ray emission.

4. Conclusion
庚Here we conclude this study by pointing out two possibilities of . . . .

Acknowledgements
辛We are grateful for the assistance provided by . . . .

References
壬1) A. Example et al.: *Example* 99 (20XX) 999.
内容是杜撰的

图 3‑1　研究论文样例

　　乙［Author(s)，Affiliation(s)／**作者，单位**］，充分理解共同作
者的责任和权利后严格甄选共同作者。

　　丙（Abstract／**摘要**），具体而简洁地描述研究成果，考虑到
很多读者都只看摘要这个事实，将必要的信息都融入进去。

　　丁［1. Introduction／**引文（"起"）**］，简洁地阐述本研究的背
景、重要性、相关已有研究的概况、本研究问题之缘由和目的、所
用方法之独创性和优点，以及主要成果。

戊[2. Method/**研究方法**("承")],扼要地记述实验设备或计算方法,以及所用样品的相关说明。为了读者能重复本研究结果,要包含所有必要的信息。

己[3. Results and Discussion/**研究结果与讨论**("承 + 转")],记述本研究所得的具体结果,与先前的研究做比较,从不同的观点进行讨论。这是论文的主体部分。

庚[4. Conclusion/**结论**("结")],总结本研究所得的成果。但不可与摘要的文字雷同。此外,结论要呼应引文中记述的研究目的。必要的话,还可以总结面向未来的课题内容。

辛(Acknowledgements/**谢词**),列举那些没有纳入共同作者列表但对本研究有所帮助的人名,并对他们表示谢意。同时还要列明科研经费的出处。

壬(References/**参考文献列表**),列出与本研究相关的先前研究的论文或是引用过的图书。要认真细致地甄选重要的先前研究作为参考文献,不要出现错漏。

像这样,首先依靠图不断明确论点,同时,构建简单易懂的主线,以此组建出论文的主要部分。在即将偏离主线或枝节横生的时候,要千万注意别破坏了主线结构。完成主线构建后,宜将准备好的图表展示给教授和助教看,并对主线进行说明和讨论,必要的话进行修改。要等到确立好了条理清楚的主线之后再着手英文稿件的撰写。

若论诺贝尔奖级般名留青史的论文是否都具有条理清楚的逻辑结构的话,倒也并非如此,它们当中也有些论文的逻辑结构是错综复杂的。但是在现代,不管论文报道的科学成果有多么好，如果主线结构或图表不清楚明了，是不会被主流学术期刊登载的。它会被审稿人拒稿或是要求修改。所以，要做一个好的科研人员，当然就要做出具有重要科学意义的成果，而且论文撰写和做报告的功夫一定要好。否则，科研人员的能力是会被低估的。

写完论文的主要部分"结果与讨论"后，就可以很自然顺畅地写出"研究方法"一节，亦即"承"的前半部分。以尽量简短的篇幅简洁地说明获得论文所示数据的方法即可。关于研究方法和实验设备，如果已有其他文章详细记述了，就可以在论文中加以引用，并只做概略性的记述即可。

确立了主要成果的部分之后，写结论部分就变得简单了。毕竟这个时候，此论文的论点应该已经是非常明确的了。

最后要撰写的是"起承转结"中的"起"，亦即引言部分。这一部分是最拷问科研人员的实力与见识的，也是最难撰写的部分。这部分要从一般性的问题意识和该领域的重要性开始解说研究背景，阐述该论文课题的重要性、相关先前研究的综述和问题的提取，以及该论文的必要性和独创性。确立了论文的主要部分之后再撰写引言，可以高效地从一般论的背景开始，一直记述到该研究的独创性。**引言晦涩难懂是因为方方面面顾及太多，使得主线的流向变得模糊不清。因此，写出好的引言的一个诀窍是，要以简明的而且是兴之所至式的主线为基础。**

写到了这一步，就可以自然地写出摘要和题目了。尤其是摘要部分，可以写该研究弄清楚了哪些东西，包括一些具体的数值。虽说是摘要，重要的是不能用抽象的表达方式，而是要有具体的内容，而且要与论文最后的结论部分保持首尾一致。摘要和结论部分的文字表述完全一样的文章不好，给人一种偷懒的印象。同样的意思要用稍微不同的语言表达为宜。

科研人员要像读报纸一样，平日里要读很多其他科研人员写的论文。但并非所有的论文都需要从头到尾仔细研读。对于大多数的论文都是看看题目和引言，然后翻下去看看图片就完事了。如果觉得"也不是那么重要的论文"，大家就会将目光移至下一篇论文。只有对引言和图片发生了兴趣，才会去细读文章。所以，可以令每个人精读的论文是不多的。由此可见，**题目、引言以及美观而吸引人的图片是至关重要的**。有了吸引人的图片，可以说论文就已经完成了一半。

总而言之，论文是在被其他科研人员阅读、引用、重复研究、斟酌回味的过程中对科学的发展做出贡献的，所以如果不能进入其他科研人员的"法眼"，那就毫无意义。没人读的论文，不管内容怎样，都是"消逝的论文"。此外，如上所述，图片在抓人眼球方面的作用是很重要的。而且，更为重要的是，**历史上流传下来的是图片，即表格和照片等数据，而不是它的英语说明文**。因此，英文的好坏是次要的，只要容易理解就行，**没有必要使用那些华丽的辞藻和有高级感的语句。将数据和自己的思考融入美观、易懂、有说服力的图片当中**才是更为重要的。

反过来说，也只有平日里翻看或阅读了大量论文的科研人员，才会懂得常被阅读的论文的特征。因此，能写出常被阅读的论文的人，可以说是翻看或阅读了大量论文的人。就像有人气的小说家大多是极端的读书家那样,阅读大量论文也是撰写论文的基础。每天就算不精读也要大量翻阅论文才好。

▶ 引用要有讲究——有时要"八面玲珑"

论文当中会大量地引用先前的相关研究和其他科研人员写的论文(也会引用自己以前写的论文)。最近,这种论文引用与期刊的影响因子(文献引用影响率)和用于科研人员个人业绩评价的 h-index(高引用次数)关联在了一起,成为一项重要的指标,所以有必要多加关注。论文引用的大原则是要引用第一发现者的论文以表敬意。一定要引用那些最先提出了那些法则或概念的论文。在最先发现的论文之后,如果有许多后续研究做出了发展性的成果,那就根本无法引用所有的论文。这样的话,就要引用恰当的综述论文和阶段性重要的论文,紧凑地概述已有研究的发展历程。

在前言部分简明扼要地总结相关研究的论文对读者是非常有益的,可使该论文被大量引用。因此,很有必要在平日里就充分地开展文献调研,学习自己研究的背景。恰当的文献引用和前沿部分一样是拷问科研人员实力之处。

在此有一个稍微技术一点的思维方式:在自己的论文稿件中选择"应该引用的合适论文"之际,**要尽量引用可能成为审稿人的科研人员的论文**。本书后面会提到,论文在期刊投稿后会由审稿人进行评审,那些审稿人大多都是和自己同一专业领域的资深科研人员。因此,既然是资深科研人员那当然是写过重要论文的,若不引用那些论文,有可能会被视为文献调研不充分,影响到评审结果。并且,那样的资深科研人员在各个领域会有好多人,所以**很有必要"八面玲珑"地制定文献列表,使得不管是哪位科研人员做了审稿人也没关系**。科研人员也是人啊,也需要多留些心眼的。

实际上,在我审阅其他研究团队的期刊投稿论文时,如果碰到了在应该引用我的原创论文的地方引用了他人的后续论文,那会让我感觉到不愉快。虽然不会仅凭此就做出拒稿的判定,但也会在评审意见中写上:需要做更为缜密的文献调研,并引用密切相关的论文和起点性的原创论文,比如 A、B 和 C 等论文。这时候,举例的论文当中,不要仅仅是自己的论文 A,还要加入其他研究组的论文 B 和 C。这是因为如果举的例子只有A,那么作者就会知道审稿人是谁了,所以要将其夹杂在列举的几篇论文当中。关于这种审稿人和作者之间的你来我往将在下一节中详述。

将谁列入论文的作者列表中基本上是由教授等团队负责人决定的,但也可以由推进该研究的核心科研人员,亦即非常详细地知道合作科研人员贡献的稿件执笔人,来提出作者列表预案。共同作者基本上全员都要是对内容熟悉到可以在学术会议上做报告的程度并能承担责任的科研人员。将名字列入共同作者列表当中,就意味着可以享受研究成果的荣誉的同时,也要承担说明责任。若在论文中发现了错误,责任将由所有作者共同承担。因此,在论文投稿之前将文稿发给所有的共同作者并获得他们的确认是很有必要的。

在研究的各种不正之风事件当中,总会听到很多借口,比如"错误的地方与我无关""我只是做了测量,至于样品到底是什么东西责任不在我""我没碰过实验,只负责执笔撰稿,所以实验数据上的错误责不在我"。但只要自己的名字列入了作者列表当中,就不能找这些借口。论文当中哪怕只有一部分的责任自己是无法担负的,那也应该从作者列表当中移除自己的名字。**共同作者哪怕只承担了论文所记述的研究工作的一部分,也必须要对论文整体负责**。如果仅仅是在研究上做了些协助性的工作,那就应该将名字列入谢词部分。

手稿要在包括教授在内的所有合作科研人员间多次流转,征询意见和建议,进行多番修改。在此过程中可能会对主体框架结构做重大调整,也会对英文表达做大量修改,这样的合作工作有时还会加深对论文内容的思考,所以要花时间对手稿慢慢地推敲斟酌。瞒着合作科研人员擅自撰写手稿并向期刊投稿的做法是荒谬绝伦的(尽管这样的事情也是偶有耳闻)。

我建议,当有的时候觉得已经完成手稿了,就让它"沉睡"一两个月,在此期间做其他的工作。在已经忘掉了手稿细节的时候,再去读读看。**经过一段时间后自己会具备"第三者的眼光"**,能以新鲜的视角重新阅读手稿,发挥出良好的检查功效。这种处理方法会让自己发现一些不经意的错误和写下的不知所云的英文语句。

不过,这种让手稿"沉睡"的做法有时候是行不通的。我听一个熟人说过,在把与国外科研人员的合作研究成果撰稿成文后,让手稿"沉睡"了一段时间,结果受到了国外科研人员的斥责:"磨磨蹭蹭地做什么呢,快点向期刊投稿吧。"此外,所议话题竞争激烈而又有高度紧急性的论文一旦"沉睡"了一段时间,就可能会被其他科研人员超越。所以,关于让手稿"沉睡"之事要做到随机应变,酌情而为。

最后,不要再针对科学内容,而是集中精力去发现英文的语法错误和图表中文字的具体表达错误,以此检查手稿。阅读手稿的时候要出声朗读,这样可以检查英文表达是否流畅。

要与教授及合作科研人员商议决定将自己的论文投向哪个学术期刊。有的期刊对稿件长度有所限制,形式要求也不尽相同,所以准备好的稿件的长度和形式要符合所投期刊的要求。**因此,在开始撰写手稿之前决定向哪个学术期刊投稿**是很重要的。

想尽可能地在有名的学术期刊上发表论文的心情是可以理解的,但还是要注意应该向适合于自己论文的议题和内容的期刊投稿。向自己平日里经常读的期刊投稿就挺好的。与自己的兴趣和关注点相近的科研人员应该也会读那些期刊,所以如果自己的论文在上面刊发了,肯定也会被很多科研人员看到。由此而来的结果是很有可能会被后续论文引用,为科学的发展做出贡献。所以,**请向适合于自己的研究议题并且有着恰当的读者群的期刊投稿,而不是一味地向著名的期刊投稿**。

登载于著名期刊的论文也并不是所有的都具有值得夸耀的被引用数,这已经清楚地反映在统计数据上了。著名期刊的影响因子(根据被引用数的平均值计算出来的一个数值)被抬高的原因,不过就是刊登了许多有着极高被引用数的超有名的论文而已。有统计表明，其余大多数的论文和刊登于普通（非有名）期刊上的论文的被引用数之间的差别并不大。此外，现在的互联网检索非常发达，通过关键词检索，就可以获得全世界的论文，而与期刊的知名度并无关系，所以从这个意义上来说，期刊的知名度变得越来越不重要了。

若论为何科研人员介意登载自己论文的期刊的知名度和影响因子，那无非不过就是虚荣罢了。**自己的论文刊载于著名期刊上的满足感，与乘坐进口高级车的满足感没什么两样。**所以，用期刊的知名度去评价一篇论文，真是愚蠢至极。各篇论文的被引用数才是更靠谱的评价指标。年轻的研究生和博士后尤其想要挑战著名期刊。挑战本身并不坏，但就算运气好，论文刊登在了著名期刊上，也不能就此说它是高质量的。实际上，著名期刊上登载的论文当中，也有许多的论文被引用数很低。

说句题外话，在有些大学里，在学术期刊上发表论文成为获得博士学位的重要条件。这样的博士论文审查制度的逻辑是，博士论文中的核心成果通过了期刊审稿人的合格判定，所以在质量上就有了保证。但是，如果这一规定是真的，那我对这种思维方式有些疑惑。这相当于把博士论文的实质性审查托付给期刊的匿名的不负任何责任的审稿人了。如接下来所述，审稿人并不一定会做出正确的评审，而且由于是匿名的，所以没有任何责任可言。有些审稿人要花一两个月的时间写评审报告，因此，经常会听说有学生的博士学位被耽误了。

我所属的院系在授予博士学位方面并没有设置非得让学生在学术期刊上发表博士论文这一条件。不管是否有期刊论文，博士论文的审查委员会负全责进行审查。我个人认为博士论文的内容必须是没有发表过的原创性的研究。一旦在博士论文审查之前，其成果已发表在期刊上了，尽管那是学生自己的研究，也已经变成了先前研究之一，也就不能再称其为原创性成果了。然而，当我和其他大学的一位教师说了这话后，就听到了对方这样的解释："像我们这样弱小的大学，基本上没有专业相同或相近的老师，所以不得不依靠学术期刊的审查。"如果是那样的话，那只要把其他大学的该专业领域的老师加入评审委员会当中，作为外部评审员进行审查即可。总而言之，不能让期刊的匿名审稿人担负起对博士论文的关键部分的审查责任。

另一方面，我从其他大学的一位教师那里听到一个与上述思考不一样的解释：经历自己的论文在学术期刊上获得发表的整个过程，包括接下来要说的与审稿人的争论，是非常重要的，因此，这才将在学术期刊上发表论文作为获得博士学位的重要条件。从这样的角度思考问题的话我倒是可以理解。不是从保证博士学位质量的角度去考虑这个问题，而是认为如果没有经历过论文撰写和从投稿到刊载这一系列的过程就不能授予博士学位，对这样的思考方式我是赞同的。正如前所述，唯有发表了论文才可以说完成了研究，所以博士生自己作为核心作者经历在期刊上登载论文的所有过程是非常重要的。

▶ 与审稿人的争论——低姿态，从"整体性"的角度

完成的论文手稿投送至学术期刊后，就会由编辑选定的审

稿人评判该手稿是否具备在期刊上登载的价值。期刊编辑会从与投稿论文所属相同或相近专业领域的科研人员当中选择审稿人。也就是说，投稿论文会由与作者做着相似研究的科研人员来评审。这被称为同行评议制度。期刊不是说碰到结论正确的论文就能毫无限制地予以刊发，而是要在投稿论文中选择看似价值高的登载，于是就有了这种评审制度，具有专业知识且处于同一领域的科研人员也就成了审稿人。

大家都说同行评议制度具有保证论文质量和提升科学信息可信度的重要作用，但也存在着一些被人诟病的问题。审稿人是没有报酬的志愿者，名字也被隐匿起来，让人不知道评审是谁。可听说有时候一旦审稿人是该论文作者的竞争对手，就会引发各种不妥之事（虽然都是一些不应该发生的事）。此外，虽然审稿人大多是有着不凡研究业绩的名家或者与之相近的资深科研人员，但似乎也有些审稿工作是指派给了年轻气盛的科研人员。

审稿人是从以下几个角度对论文所报告的研究成果展开评阅的：

- 是否有新颖性、创新性；
- 对该领域是否有价值，是否重要，是否会产生影响；
- 是否有深度，是否仅仅是简单重复；
- 结果是否有说服力，结论是否有数据的印证；
- 是否写出了一条清楚明晰的主线；
- 是否为切合时宜的研究；
- 是否能引起广泛的读者群的兴趣。

评审结果分为三大类：接收、修改和拒载。投出去的论文稿件就这么原封不动地得以接收的评定基本上是没有的。在我悠长的研究生涯当中发表了近 200 篇论文，但投出去的手稿被照单接收的评定只碰到过三次。很多都是被要求修改，在提交了修改稿后再被接收的。甚至有时候修改稿也无法令审稿人满意，于是被要求再做进一步的修改，或者是评定被改成了拒载。

我也受到国内外很多期刊的委托，平日里做着论文评阅的工作，而让我做出拒载评定的理由主要有如下几点：

- 是以前研究的简单重复，没有新颖性；
- 内容陈旧；
- 观点没有被有说服力的数据所印证；
- 研究的专业领域在期刊所涉及的范围之外。

我不会仅仅因为英文不好或是说明艰涩难懂等理由就做出拒载的判定。对英文不好的论文，我会要求作者请英文为母语的外国人或者找英文校正公司修改稿件。

接到要求修改的判定后，要准备好修改稿，同时附上一封说明"在考虑了审稿人所指摘的事项后对原稿进行了怎样的修改"的信，再次提交上去。想要将信和修改稿准备得能获得审稿人的认可，这里面是有诀窍的。百分之百地接受审稿人所指摘的事项，并完全按照指示要求修改手稿基本上是可行的。但审稿人有时候可能会对论文产生误解，因自己并非该领域专家之故而提出错误的修改要求；有时候或许会提出一些蛮横无理的过分的修改要求。投稿人偶尔甚至会收到一些让人感到恶意的修改要求，比如要求追加一些难度极大的实验或是需要用到非常昂贵的设备的实验,抑或是要求在极其宽泛的范围内改变实验条件进行补充测量。还有一些要求,如果对其照单全收进行追加研究的话得花上一两年的时间,几乎都可以写出另一篇论文了。有时候追加研究的要求纵然非常合理,但由于已拆除设备而无法再做实验,或是已耗尽经费而无法追加计算等原因,实际情况使得无法按照要求开展追加研究。

在这些情况之下,如何写出一封说服审稿人的信就是彰显能力的时候了。首先,在信的开头,要对花费时间仔细评阅了论文的审稿人表达谢意,并申明接受所有被指摘的事项,对原稿进行了相应的修改。**以此给人以非常低姿态的印象。**

接下来,针对每一条受指摘事项,具体而详细地逐一说明自己是如何理解、判断并将其融会进原稿修正当中去的。对无法按照要求完成的追加实验,要说明理由并在信中谦恭地阐释清楚即便不做追加实验,也不会妨碍到支持本篇论文观点的证据及逻辑结构的合理性。最后再写上"我们打算将该追加实验纳入下一个研究课题当中,非常感谢这一好的建议",这样可以给人留下更加良好的印象。就算是碰到了一些无理的要求,也绝对不能对审稿人发火。如果审稿人的批判有不合理之处,也要有礼貌地说明自己无法赞同其指摘事项的理由。

此外,在有多条受指摘事项的时候,如果忽略掉其中难以回答的事项,在回信当中对其只字不提的话,会令审稿人感到不悦,必然不利于事态的走势,所以一定不要忽略任何一条受指摘事项,要谦恭地对所有的受指摘事项都作答。

不同意审稿人的批评意见时,切不可立足于审稿人的同一高度和层面进行直接的反驳，而应该采取一种"整体性"（holistic）的写作手法，从比审稿人更高一层面的角度去看待问题的全貌并陈述见解，由此而间接地批驳审稿人的指摘是无的放矢。这样一来，暗地里彰显自己比审稿人对这一问题的见识更高明，由此来堵住审稿人的嘴。相反，就算你对期刊编辑直接申述审稿人的批评是如何无的放矢其实是毫无作用的，反倒有可能起到相反的效果。毕竟审稿人可是编辑挑选的，批评了审稿人，就如同是在批评编辑。因此，不要向编辑申述抱怨说："审稿人什么都不懂。"

"整体性"反驳论具体如下。比如，审稿人批评说："要是考虑到 A 要素，论文所主张的结论也就不一定对了。"对此，可以反驳说："如果只考虑 A 的话反而不够充分，有必要再考虑 B 和 C 要素。实际上，正如我们在'结果与讨论'部分关于该议题所叙述的那样，包括您所提出的 A，我们是从多角度探讨了能考虑到的所有要素之后才得到这次结论的。"如此这般，只要展示出自己比审稿人更宽泛更深入地探讨了问题，那么审稿人也就不会再说什么了。

现在，绝大多数的期刊对一篇投稿论文安排两位审稿人，于是两位审稿人的意见就可能有所不同。审稿人 X 做出接受的评判而审稿人 Y 做出拒稿的评判的情况是经常发生的。这个时候，编辑会告知说："若要推翻审稿人 Y 的评判结果，就请针对指摘事项写信陈述你的反驳意见，必要的话请修改原稿后再一次提交过来，让我们再审阅一次。"这时，在针对审稿人 Y 的反驳当中，诸如"审稿人 X 都已经给出 OK 的评判了，审稿人 Y

给出拒稿的评判实在是太奇怪了,根本就什么都不懂"之类**指责的话是绝对不能写的**。应该就原稿中的说明不够充分以致让读者无法正确理解的问题向审稿人 Y 道歉,然后再针对导致被拒稿的受指摘事项逐一加以谦恭地反驳。要**坚持低姿态地**写出如上所述的"整体性"反驳意见来。

　　将修改稿和说明函再次投稿后,如再次收到被拒稿的评判,那就没办法了。既然运气不好碰到了糟糕的审稿人,那就干脆放弃此次投稿,**将同一稿件转投给另一个学术期刊**吧。没有必要为此而灰心丧气,那也许只不过是审稿人弄错了罢了。就算是最终被拒稿了,但针对审稿人的指摘事项对原稿做过的修改却并不是白费功夫的,它肯定会对原稿的改进有促进作用。"有失必有得""天无绝人之路",要向前看。

　　据说著名期刊在做出拒稿决定的时候大多会说:"你的研究成果对该专业领域的研究可能很有价值,但由于无法满足本期刊对广泛读者层兴趣和重要性的要求,所以做出了拒稿的评判。"(我也经历过两次)在这样的情况下,只需向其他专业期刊重新投稿即可,没必要为此失望泄气。

　　收到了好几条审稿人的指摘事项,哪怕都是些只要做出相应修改后再次投稿就有可能被接收的评判意见,也有可能会极大地触动一些学生的神经,使其感觉是"被狠狠地批评了"一通,于是想要去完全重写原稿。似乎很多从小到大都不怎么会受到批评的优秀的学生,对审稿人的稍加指摘就容易做出过度的反应。事实上,只要在最低程度上修改与受指摘事项相关的部分足矣,超出范围的修改反而绝不可为。论文修改的一个基本原则是,不要去修改未被指摘的部分,因为那些地方都已经合格了(当然,未被审稿人指摘之处如果作者自己发现了错误,那是有必要在给编辑的信中说明修改部分的)。

反过来说,切不可不诚心接受审稿人的指摘事项,不做本质性的修改,只是改变一下婉转的英文表达,对论文原稿"整整容"(cosmetic change)而已。这会被认为是不诚实的应对,破坏审稿人的印象,结果给了审稿人指摘事项未被认真考虑的拒稿理由。**就算审稿人的指摘事项是不合理的,作者方如果不以诚相待,就会陷入被指责的境地**,需要引以为鉴。

▶ ## 与英语打交道——Take it easy

理工科的科研人员避免不了和英语打交道。我想很多人从初高中开始就不太擅长英语吧,但理工科所需的英语却并不难。尤其是论文读写所用到的英语都有固定模式,只要习惯了,初中英语水平就足够了。学术论文里不会出现像高考那么难的,考察阅读理解的英语。需要高级阅读能力才能理解的学术论文不是好的论文,是作者的错而非读者之责。

英语论文乍一看上去似乎很难,但那其实是专业术语(或者是该专业领域所特有的行话)的缘故。在每个专业领域都有着大量避无可避的英文专业用语和独特措辞,不明白这些词语的意思就无法理解论文,所以,唯有将所有的专业词汇都记下来。一旦掌握了这些专业词汇,应该就可以顺畅地阅读论文了。论文之所以显得难以理解,只是因为不明白专业词汇的意思,即便其中的英文结构本身是简单的。比如身为物理学专家的我，基本上是很难看懂生物学论文的。其原因就在于我不明白那些专业词汇的意思，而非不明白英文的结构和文脉。

因此，虽说科研人员是必须要会英语的，但也没必要回想起高考英语那样的"噩梦"。科研人员可以更为轻松地阅读和思考大量的论文和专业英语的教科书，并有意识地记住其中的专业词汇。此外，不单是专业领域的教科书，多读几本大学时代学过的基础课程的英文教科书也会让你感觉大不相同。说起物理学，对于电磁学和量子力学之类基础课程的英文教科书，可以当作对日文教科书的复习去读，同时也很有助于英语学习。在研究室的组会上，我每周都兼顾英语的学习，轮流讲授专业领域的英文教科书。值日轮班决定好后，一个学生作为讲师，针对教科书中的若干章节的内容进行讲解说明。曾有个学生，将英文输入一个自动翻译网站上，以其输出的日语为基础在组会上讲解相关内容。自动翻译网站无法正确翻译出专业词汇的意思，它有时候会将与专业用语相同的词汇用于日常用语当中，导致自动翻译出来的结果意思不通顺。尽管如此，那个学生还是在搞不清楚意思的情况下应付了组会的轮值讲解任务。比如，若将量子力学当中的"Uncertainty principle"这一词语翻译成"不确定的原理"或"未确定的原理"，那是无法正确理解其中意思的。不知道"不确定性原理"这类专业词汇的人，是无法在专业领域中生存的。

研究人员在第一次用英语写论文的时候往往需要花费很多时间。我在硕士二年级的时候写了我有生以来的第一篇英语论文。那个时候，我读了好几本有关科技英语论文写作的指导书籍。大部分的书中写道："不要去写英语作文，要去模仿好的期刊上登载的论文的英文措辞。"既然是写英语的论文，可能有人就会觉得英语作文的能力是必须的，但其实不然。仅凭模仿大量论文中的英文表述方式，其实就可以写出自己的论文。这样说的话，也许会有人批评此为抄袭剽窃，但事实绝非如此。**学习是从模仿开始**的。就如同下面这样进行词汇替换，完全没有问题。

比如在论文的引言部分，大多数论文的开头都写道："○×的研究对△□来说是非常重要的，最近有许多相关的研究报道。"因此，只要在○×和△□处换入自己研究课题的词汇，就可以原封不动地使用这句话了。或者是在思考斟酌实验结果的部分，有个肯定会被使用的表达方式："这一结果意味着△就是□"，只要将自己的研究词汇替换掉△和□，就也可以使用这句话了。学术论文的主线结构大都是模式化的，且模式种类有限，大多情况下都已固定了。这是和文学作品不同的地方，**学术论文无须争取文字上的原创性**。**其独创性并非体现在英文表达本身，而是体现在以英文表达出来的学术内容上。**

我在 30 岁出头之前，自己制作了一本英语例句集。阅读了大量的论文，就会不时地碰到自认为是好的措辞和干净利落的表达语句。我将这样的语句作为好的例句摘录入记录本中。这时，引言处用的例句、结果说明处用的例句、思考讨论处用的例句、结论处用的例句，如此种种，都分类收集于各个章节处。这样一来，在自己写论文的时候就时常可以从例句集中挑出语感相似的措辞(并将文字替换成自己的研究内容)来使用,非常方便。再次重申一遍,这样的做法并非抄袭剽窃,完全是正当的。这样踏踏实实的努力坚持多年后,收集好的例句融入了自己的思维当中,不知不觉地就会发现,在自己写英语论文时,类似的措辞会自然流畅地涌现出来。这就是所谓的增长了才干。

另一方面,在国际学术会议上用英语做报告需要另一种锻炼。首先,报告时的英语和论文的英语稍微有些差别。最近的论文当中虽说主动语态的表达增加了许多,但被动语态的语句还是更多见的。然而,报告时几乎所有的语句都是用主动语态在说话,这样会口齿清楚,富有节奏感。此外,论文当中经常使用复句,但报告时几乎不使用。**分割成一句句的短小语句会说得更容易**,听的一方也更容易理解。

此外,有些独特的表达只有在报告时才使用,在论文中是不使用的,诸如"I will come back to this point later."(稍后我会再来讨论这个问题)和"I will share with you our recent results."(我将和你们分享我们最近的结果)之类的口语表达。听许多其他科研人员的报告可以学到做报告用的英文口语,但基本上只要简化论文里的英语就不会有什么太大的问题。

我建议新手要像用日语做报告的时候一样,也用英语写一个剧本。出声朗读该剧本,可以检查其中是否用到了书面语言,是否用到了通俗易懂的语言。碰到总是说得停顿滞涩、节奏感差的地方,就要换成其他的表达方式。**初中水平的口语语言基本上就足够了。并非以英文为母语的日本人使用华丽的英文措辞或正经的英文表达反倒会贻笑大方。**使用非常简单的英语,会给以英文为母语的科研人员留下好的印象，从而使其可能在问答环节用简单的英语和善地提问。

对于日本人来说，国际学术会议上的问答环节是最大的难关。因此可以多次练习后再前往会场。完成报告本身会毫无困难，但在问答环节，就常见到狼狈不堪的情景（我也曾如此过）。首先是听不明白英语的问题。尤其是当碰到的不是学校里学到的标准英语，而是带有印度口音的、中国口音的、法国口音的英语，或者是美国人、英国人以琐碎的口语说话的时候，就更加听不懂了。不明白问的是什么问题，当然也就回答不出来了。就算是简单的数字表述，都有些和在日本的学校里学到的不同，令人困惑不已。

在我刚开始做助理教授的时候，首次用自己的科研经费出差到了荷兰，那一次国际学术会议上的问答环节令我至今难忘。当时，我没什么差错地顺利完成报告后，进入问答环节，有听众提了个问题。那位提问者问道："那个时候的样品温度是不是'twelve hundred degree C'？"在我的脑海中，数字 12 和数字 100 不停地转来转去，我花了 3 秒钟才明白过来，该温度指的是"one thousand and two hundred degree C"（1 200℃）。

在 1 200℃加热样品，对处理硅单晶的科研人员来说是个常识，所以应该是能马上想起这个温度的，但我因为在战战兢兢地担心自己能否听得懂英语问题，于是完全忘掉了物理的内容。不过，就算没能听懂英语的细节部分，通过诸如样品温度是多少之类的常识性的专业知识的补充，也可以理解大部分的问题。对于这些问题，如果只是从英语的角度去理解，稍有不慎就有可能马失前蹄，撞上暗礁。此外，就算没听懂细节部分，如果听明白似乎是样品温度相关的问题，那就可以反问一句是否是在问样品的温度。既然是针对自己的报告所提的问题，那就不会偏离报告的内容。这种思维方式在一级近似下是正确的，可以凭此推断，冷静地倾听问题。

接下来讲的一件事，不是在学术会议上做报告，而是我去美国出差参加国际学术会议在酒店办理入住时发生的。前台的女接待员递过来一张纸，说请我在上面写下住址，但我"啊"地一声怔住了：没明白她当时说的"address"。无奈的我反问了一句："What is address?"女接待员带着一副不可思议的表情回答说："The place you live!"于是我才恍然大悟，原来说的是住址。其实，在办理酒店入住手续的时候，需要写的东西当然也就是姓名和住址。撇开这一常识，仅凭英语去理解对方说的话，这才发生了类似这样的啼笑皆非的事情。

不管是在学术会议报告的问答环节，还是在日常对话当中，不要仅凭英文语句本身去获取信息，还要根据当时的情景状况多加思考，就可弄清楚对方说的半数以上的内容。用英语交流靠的不仅仅是英语能力（日语的对话也是如此），还有把握自己所处状况和对话内容走向的综合能力，就是所谓的说话得"识趣"。反过来说，大多数人都在某种程度上具备了这种综合能力，所以没有必要害怕英语的问答环节。大多数都是与报告有紧密联系的常识性的问题。虽然也极少见地偶尔会出现与报告无关的"天外飞仙"似的问题，但报告者就算没能明白那种问题的意思，也不会被人诟病，只要直截了当地说即可。在那种情况下，主持人也许会搭把手帮个腔，或者报告就在那种不搭调的问题所引发的全场爆笑中结束了。总而言之，在国际学术会议报告的问答环节当中，只要带着轻松的心情对待问题即可。准备问答环节所应有的态度和前面针对国内学术会议时的情况是一样的，可以参照前面的内容。

在我加入日立基础研究所的时候，所里规定所有的新进职员都要参加为期半年的英语对话课程。英语对话课程的老师每周来研究所两次，每次在傍晚时分给我们讲授 90 分钟的课程。在那半年之后，职员根据意愿可以再延续半年一期的学习。因为公司承担一半的学费，所以我后来又延续了两次，共计连续学习了一年半的时间。每半年就换一个班，老师也会改变。结果共有三位老师教了我，其中两位是外国人，一位是日本人。

这一经历让我明白一个事实：在外国人的班上，只是说一些闲话家常，对提升英语对话的技巧毫无帮助。当然，习惯了和外国人面对面的对话，也能学习到日常会话中用到的独特措辞，但仅此而已。

反倒是日本人老师的授课让我受益匪浅。在课堂上，我做了许多的 physical training，亦即快速活动嘴巴的锻炼。要想听懂自然语速的英语，自己就一定要能够说自然语速的英语。我接受了半年的训练，在那期间无视自己的发音和语调，只是一个劲地边听着原腔英语的磁带，边以同样的速度自己重复着说。这样一来，不可思议的是，我渐渐领悟了说话时换气的方法，也因此自然地明白了文章的结构。英文和日文不同，一口气得说好长一段话。习惯了其中的速度和节奏，我感觉听力得到了极大的提升。比如在说"The book I read last week was very interesting"的时候，要一口气说到"The book I read last week"，稍作停顿后（需要的话可以换口气），再继续说"was very interesting"。这样的话容易明白句子的结构，说得也轻快明了。于是，我也就渐渐体会到了以英语为母语的人是怎么说话的了，并且慢慢地能听懂对方说的话了。日本人讲师对日本人在英语对话方面的弱点是一清二楚的，所以教给了我们很多有用的东西。不能一概而论地认为，英语会话班就得要找外国人做讲师。不管怎样，如果经济富裕的话，我建议去大街上的英语会话教室试着给自己投资看看，但没有必要非得找个外国人做讲师。

我至今在读论文的时候，尤其是读引言部分时，都还是出声朗读。发出声来就可感受到英语特有的气息吞吐，也可以进行演讲的训练，读者也可以尝试做做看。

此外，如果所属研究室里**有留学生或外国人博士后的话，可以将其当成免费英语会话教室，积极地上前搭话**。不仅是研究上的会话，也可以积极地谈论一些私人的话题。你会意外地发现，**如果英语不是母语，外国人的英语也很差**。一旦慢慢地认识到了**不是只有日本人才英语差**，那么在国际学术会议上也就不会心虚了。"外国人的英语都很流畅"这个印象完全是一个误解。

第四章

博士后及助理教授篇：
青年科研人员的成长

▶ 所谓专职科研人员——对组织负责

在第二章中提到，获得博士学位是成为专职科研人员的起点，但一般来说，只要是领着工资做研究的，就可以算是专职科研人员了。在这种定义当中，既不论你是否具有博士学位，也不论你是否具有高超的研究技能。这就好比职业棒球选手和电视里的歌手，即便他们比一些业余爱好者水平还低，但只要能靠此赚钱，大家就会说他们是专业的。专职科研人员的定义与其有异曲同工之处。

在交学费做研究的研究生时代，对获得教授和研究组老师的各种指导和教育也许会有一种理所当然的感觉；但当你开始拿着工资做研究了，那么对从他人处获得指导就该觉得是件难能可贵（一般都不会有）的事情了。因为已然不再是被教育的学生了，那么当你不顾及自己拿着工资的身份，还接受旁人指导的时候，确实应该发自内心地感谢才对。而这种态度在任何职业当中都应该是一样的。

再者，科研人员的宿命就是要去不停地挑战新的课题，但如果认为一旦成了专职科研人员，就没有必要再去学习新的知识了,那可就大错特错了。**所谓的专业人员,说的是那种朝着更高境界不断尝试挑战新的东西的人**。职业棒球选手每年都在为更新自己的记录而不停地挑战着,那份执着和努力一直要延续到退役为止。而对于业余的奥林匹克选手而言,一旦获得了金牌,那么在某种意义上来说一切都可以结束了。所谓的专业人员就是持续挑战的人,因此,对于新的东西和有益的建议,专业人员就必须要不断地汲取吸收。对于从旁人处获取有益信息时产生的感恩之情,是只有在成为专业人员之后才会有更为深刻的认识的。

正如前所述,我硕士研究生毕业后,没有去攻读博士学位,而是加入了日立公司的基础研究所,获得了领着工资做研究的身份,亦即没有博士学位的专职科研人员。所以,虽然作为科研人员还不成熟,但在我进入公司后不久就意识到必须要带着与研究生不一样的精气神去做研究。

我当时被分配在了以电子全息摄像而闻名于世的外村彰博士领导的电子显微镜研究团队。说到电子显微镜,那是有着历史功绩的研究领域,可称得上是日本的传统技术了。其中的实验技术,就像在传统艺术领域一样,由师傅传给徒弟,是一个具有师徒制色彩的研究领域。我虽可号称为"专职科研人员",但对电子显微镜却完全是门外汉,不得不从零开始学习相关技能。但研究组年长的学长一上来和我说的话却是:

"你已经不是学生了,所以别想着让我给你教这教那的。技能得从我这儿'偷'去。你可以一直在我身旁待着,仔细看着我做的事情来'偷'我的技术。"

当我听到这话的时候就像脑袋被"咣"地打了一下一样,深受刺激:难道这就是成为专职科研人员的洗礼吗?电子显微镜的实验技术可是工匠手艺的灵魂,所以我紧跟着这位学长,宅在实验室里,拼命地"偷学"了实验技术。也许会有人觉得我这一边拿着工资一边学习技术的身份倒还挺不错的,但其实那是一段相当虐心的经历。我也曾被研究所的所长说:

"你进入公司的头三四年从公司的角度来说是赔本的,在那之后,你可得好好地为公司赚回来哟。"

在学习实验技能期间,从某种意义上来说,就和硕士研究生刚进实验室那会儿一样。多亏了上面说的那些身旁的人,我在心中逐渐树立了作为社会人和专职科研人员的自豪感。在日立公司的那段体验对我来说是不可或缺的宝贵经历。

大概正因为有了那段经历,我在日立公司的五年时间里,才能积累出一定程度的研究成果。这个外村研究团队作为企业研究所来说是非常与众不同的,它把与公司的盈利毫不相关的学术研究作为主业。对此,我是这样认识的:用电子显微镜做出最前沿的学术研究,通过在学术会议上做报告、在学术期刊上发表论文,如果能让日立的电子显微镜大量地卖给大学和研究所的话,外村研究团队就算是完成了像广告塔那样的任务了。

不过,既然是公司里的组织,那么就不得不和普通职员一样遵守同样的工作准则。既不能通宵做实验,也不能说因为实验上了轨道就周末跑去加班做实验,因为这些原则上都是被禁止的。既能过着白领般朝九晚五的生活,又能开展研究工作,我就是在那段时期养成了这种常识性的工作生活习惯,从长远来看这种习惯是非常重要的。

在做研究生期间，虽然可以不分工作与节假日，无关白天黑夜，就着自己的方便去支配时间，但这样并非没有弊端。如何利用时间，也是专职科研人员与业余科研人员之间的一个重要区别。**在正常的生活习惯当中稳健地开展研究工作**是专职科研人员的重要原则，而这也是被一般人常常误解的地方。一日三餐经常不准点吃，连续两三天不回家地投入研究工作当中，像这种**非日常的研究工作方式只能贯彻到研究生时代为止**。对于要过几十年的研究生活的专职科研人员来说，身体是根本无法承受那种生活方式的。

而且，我那时还注意到在会议上做学术报告的意义与研究生时代是不同的。我在公司受到的一个印象非常深刻的教育是，即便是我做的学术报告，那也等同于是日立这个公司在做报告，而这种意识是非常重要的。这个观点并不仅限于公司，我觉得应该具有更广泛的意义。做研究生的时候，有很多人会觉得做学术报告都只是个人行为，但事实上，我们要有这样一种更为重要的意识："我是在代表全体合作科研人员在做学术报告的，所以绝不能丢了所有人的脸。"而这种意识的养成，也许正是从业余的科研人员转变为专职科研人员的心态转变的过程。尤其是在汇报大项目的研究成果时，这种意识尤为重要。不单单是实验数据的质量，从报告页面的美观到说话语言的精炼，都有必要从代表一个组织做报告的角度上去做再三的检查。**业余人员只对自己个人负责可能就行了，但成为专业人士后，不论是哪种职业，都得对自己所属的团体和组织负责。**

我在日立工作了五年后,以研究生时的恩师井野正三教授的助手(现在更名为助教)的身份回到了大学。当井野教授叫我回去做助手的时候,我在日立的研究工作正告一段落,就像五年前硕士研究生毕业时决定要参加工作时那样,有一种手头工作都做完了的感觉。因此,我想着要么干脆就再闯入一个"新天地"去看看,凭着这种想法,我下定了转职的决心。

虽说是"新天地",其实也是回到了"老巢"。不过,即便在这同一个实验室,作为学生在其间学习,和作为助手在其间工作,看到的"风景"是完全不同的(虽说研究室里的桌子和仪器设备等实物风景基本上没有什么变化)。当然,五年的时间说短不短,我也积累了一些社会经验,所以到大学赴任之初,我看到了一些学生和大学的长短之处,感受到了一些不小的文化冲击。

尤其是完全颠覆了我对行政人员的印象。在企业里,为了让科研人员能够专心于研究工作,行政人员从组织上考虑了许多措施;但我非常惊讶地发现,**在大学里却正好反过来,科研人员甚至要削减研究时间去配合行政人员,为了行政文件的统合性而不得不四处奔走**。这是以学生身份基本感受不到的隐藏着的现实。

此外我还发现,在介绍自己的研究工作时,最好能切换说话方式。在公司里当我给研究所和工厂的人讲解研究工作的时候,经常能听到外村老师说:"你要讲解得能让连电子和电都分不清楚的人都明白。"在公司里,将量子力学和半导体物理作为常识性知识进行讲解肯定行不通。常有人告诉我说,给人讲解的时候,得把正确性放在第二位,不管怎样先得让听的人感觉像是听懂了才行。但是,我发现回到了大学,如果对着学生也像那样去讲解的话,学生就会感觉似乎全部都懂了,"哎呀,原来在做这么简单的研究啊",于是他们可能会瞬间对其失去兴趣。因此,面对学生的时候,我学会了一种讲解技巧,让他们只能理解其中一半的研究内容,而对另一半则是不甚理解。这么一来,学生就会觉得:"虽然不是很明白,但感觉好像是在做些很有意思的研究",从而对我的研究产生兴趣。

好好想想的话,这也是挺自然的事情,**学生是因为要挑战自然之谜而进入大学开展研究工作的,所以像一切都弄明白了那样去介绍研究内容当然是不行的**。很多研究事实上也的确是没有完全弄明白的。相反的是,**在公司里既然是领着工资做研究的,那么给人讲解时说"谜团仍未解开"的话是行不通的**。"客人本位"的说明是非常重要的。

不管怎样,在我空降回来的实验室里,我从一个接受指导的学生身份摇身一变成了和教授一起一边指导学生一边负责鼓舞振奋人心的助手身份。不单是自己的研究工作,还要分神照看研究生的科研进展,维护实验室的和谐,并承受着作为专职科研人员需要做出有自己特色的研究工作的压力。在大学里,我不得不扮演着指导者与科研人员这两个角色。

随着这样一个变化过程,我好歹又可以在这个曾经放弃过的学术圈里生存下去了。为此,我在作为助手赴任的前半年里,与探索新的研究课题同时进行着的,是将在日立基础研究所取得的研究成果总结成了博士论文(博士学位并非成为助手或助教的必要条件,但却是升任副教授的必要条件)。正如前文所

致迷茫的你:在科研中借力晋级

述,就算不上博士课程,也可以利用"论文博士"这一制度获取博士学位。为此,我首先获得了能在学术圈里生存下去的"执照"。

像我这样的专职科研人员的初期职业生涯应该是比较另类的。许多学生会一路读到博士研究生,取得博士学位,然后做助教或者所谓的博士后,之后才以专家的身份进入学术圈当中。在这种情况下,大多数人都会从获得了博士学位的研究室出来,投身到另外一个研究团队中去。有时候,还有些人会在国外的大学或者研究机构做博士后,经历若干年的"武者修行"。不管怎么说,他们作为专职科研人员的职业生涯是获得了博士学位之后才开始的。

在博士研究生的最后一年里,许多学生会一边写着博士论文,一边开展求职活动:寻找毕业后的工作单位或助教、博士后的位置。因此,博士研究生的最后一年是极其忙碌的,身体健康管理方面也成了重要的考虑因素。这样一来,多少就会有些学生觉得无法同时兼顾两者,于是就打算先集中精力撰写博士论文,之后再集中精力开展求职活动。这些学生当中的一些人,博士研究生毕业后,在确定下一个位置前的短时期内,会像个基本不领工资的研究员,一直待在原来的研究室。

在当下的学术圈,有一段博士后经历已经是理所当然的了。博士后的契约期一般是两年时间,许多人都说,科研人员在此期间处于一种承受巨大压力的不安定的状态,如果没有取得科研成果就无法找到下一个研究职位,因此,即便拿到了期盼已久的博士学位,也不等于说之后的人生一定就高枕无忧了。

然而,事实与坊间的负能量传闻有所不同,无须那么悲观。

那些传闻,无非是一种产自"终归成为博士或政府职员"之类过时想法的消极见解。而将博士与政府职员相提并论本身,就是可笑之举。像科研人员这样高度专业的职业,可以认为就如同音乐家和艺术家一样,需要经过一定的专业修行,而在这段修行期间,其生活有些不安定的状况,也并非仅仅局限于科研人员。关于这个"博士后问题",已经有书籍出版发行,还请另行参看。

当然,不经过博士后的历练,获得博士学位之后就直接被聘为助教的幸运学生多少也是有的。有些助教是有一定任期的,有些是不限任期的,都是比博士后更为安稳的职位。

另一方面,获得了博士学位,并不意味着其后的人生只剩下通往学术圈这一条路可走。从我的研究室毕业的博士研究生当中,有一半左右的人去了企业的研究所就职。多多少少总会有一些学生认为,比起学术研究,他/她更想做一些产品或器件开发等更加实用的研究工作,而这种想法的存在也是一种非常健全的状况。正如第二章所述,获得博士学位的人对研究工作有着非常充分的精神准备,所以在企业里实际上也受到很高的评价(当然,这也会因人而异)。而且,成为公司的正式员工,当然会比做博士后的生活更为安定。而这对一些学生来说也是具有极大诱惑力的。

最后再闲谈一下:在我做助手的时候,有个学生在他的博士研究生最后一年里,既获得了博士学位,又进入企业的研究所成了研究员,而且还结了婚。他被称为"三冠王",成了博士研究生们的一个传说。

▶ 在研究团队内部微妙地安身立命——从如来手掌中跳出去

目前，应该很少有大学或研究机构设立"青年科研人员独立制"，让助教或博士后不从属于任何研究团队，独立地开展研究工作。当然，的确也有一些大学和研究所模仿美国等外国的大学，让助教或博士后水平的科研人员独立开展科研活动，但那毕竟还是少数。对于这种青年科研人员独立制的功过还在广泛的议论当中，暂且将其是非放到一边不管，当前的现状是大多数的助教和博士后以工作人员的身份从属于某个研究团队，并跟随该团队的教授或带头人开展研究工作。他们在从属关系上看似与研究生没什么区别，但在看不见的地方却有着极大的差别。

虽然是和研究生一样从属于研究室，但不同的是，助教和博士后作为工作人员，要做的事情要多得多。虽然名义上的工作任务是要和教授一起指导研究生的研究，但还有许多其他的杂事要做，比如负责研究室在许多场合下的正常运营，以及处理教授从学会和研究会等处应承下来的各种繁杂事务等。尤其是一旦成为与大学本科教育有关联的研究室的助教，那就还要担负起本科学生的学生实验或理论实习教育的义务。除此之外，如果不开展自己独特的研究工作以积累研究业绩，就无法看到职业上升的可能性，所以还得做自己的研究工作。

大多数情况下，研究生基本上是按照教授布置下来的课题或者沿袭实验室一贯的研究主题开展科研工作的。可是一旦成为助教或博士后,即便是从属于同一个研究室,一般来说会总想着要如何摆脱具有浓厚教授风格的研究课题。如果不这样做,就会被埋没在教授的名声之下,无法展现出自身的特色,结果从外面看起来,或者从海外看来,无法成为一个"有显示度的"(visible)科研人员。因此,助教或博士后自然就想着要做出有自己特色的研究成果来。当然,即便是做着教授历年来延续着的研究课题,由于在该课题取得重大突破性进展方面做出了极大贡献而受到广泛关注的助教或博士后科研人员,多多少少也还是有的。

不管怎样,一直当"教授的手下",就像如来佛掌上跳腾的孙悟空那样的话是不行的,如果不从那掌中翻腾出来,哪怕是那么一点点,就始终无法被视作能独当一面的科研人员。

虽说是要推出自己研究的独特风格,但若是去研究那些超越了所属研究室"张网"范围的课题,那就失去了从属于该研究室的意义。其实不仅仅是失去了意义那么简单,还会产生更为严重的问题。一旦做了与所属研究室完全不相干的研究课题,会形成一种"研究室内部独立"的氛围,被孤立于研究室之外,受到周围人的负面评价,导致口碑变差,有可能滋生出诸如与教授关系不佳之类的流言蜚语。如果出现了这种情况,会对助教或博士后接下来的职业发展产生障碍。因此,**必须要打一个擦边球:在深化所属研究室的研究强项的过程中开创自己原创性的研究**。从这个意义上来说,研究室的助教或博士后的安身立命之处是微妙而困难的。我们也许可以说,做博士后或助教的那段时期,正是拷问科研人员的真正实力与能力的时期。

致迷茫的你:在科研中借力晋级

再有，看看诺贝尔奖获得者或被称为"大牛"的科研人员的研究经历就知道，他们大多数**在获得博士学位之后的五年左右时间里，就抓住了今后一生的研究课题**。而且，那些独创性的想法，有很多起源于和所属研究室的研究生之间的相互竞争，是在近乎绝境之处萌生出来的。

与此形成对照的是实行青年科研人员独立制的研究机构，那是一个没有任何限制，可以自主地按照自己的喜好开展研究的环境。这对青年科研人员来说看似更好，但实际上也不一定就能让他们做得顺风顺水。一旦进入了那种完全自由的状态，如果其研究始于对国际学术会议报告或者某个杂志上论文的模仿，又或是追寻不切实际的梦想的话，往往会导致无法形成实实在在的科研成果。

所以，待在研究团队里，在上面（教授）和下面（研究生）的两面夹揉之下，摸索出专职科研人员的研究课题，应该也并不是一件坏事。换句话说，在许多情况下，**独创性往往会在那样的制约之下出现**。在科研人员辈出的受人关注的研究室，能高效地培养出具有独创性科研人员的原因，并非是在于让他们插手了各种课题的研究，而是在于让他们集中在一个狭窄的领域开展高密度的研究工作。而这正是评判青年科研人员独立制的功过是非的关键点。

我以助手的身份回到了最初的研究室后，因为暂时没有找到能体现自身亮点的研究方向，所以重拾硕士研究生时的课题，意欲做进一步的深入研究。在我待在日立的五年时间里，井野研究室的几个后辈对该课题已经做了一定的深入研究，所以我当时的简单考虑是想从不同的方向去挑战这同一个课题。

不过随后，一个崭新的课题逐渐清晰地呈现于我的脑海当中，于是我着手与之相关的前瞻性实验。该新课题是关于对半导体晶体表面附近的电子输运方式的研究。当我还在日立基础研究所工作时，同一期入职的朋友当中有人负责计算机器件的开发研究，看着他们着手开展着的研究工作，当时我脑海当中就产生了一个较为模糊的念头："那些研究内容如果和井野研究室的研究手段相结合，岂不是挺有意思的吗。"以此为出发点，我尝试着做了个简单的实验，其结果比我想象得更加支持了我的想法。我当时认为"那是表面物理领域中一个崭新的研究方向"，为了进一步开展更为严谨的研究，我顺势而为，凭借着该前瞻性实验所得的初步实验结果，申请了民企财团的科研资助项目，获得了 150 万日元的科研经费。我用该科研经费购置了最低限度所需的测量设备。可以说我现在的研究课题，就是从那 150 万日元起步的，那可真是名副其实的"汇聚成大河的最初的一滴水"。

重述一遍，我当时利用了井野研究室的实验技术，再结合不同领域的思考方式，从而开创了表面物理学领域的一个新的研究方向。而这正是待在如来佛（井野老师）掌上，却又稍微超出了手掌范围的一个研究课题。

在研究工作上创造出体现自身特色的方法我想有很多种，而像我那样的做法是很常见的：**引入不同领域的研究手法和思考方式，将其与本专业领域密切结合起来**。虽然这没有异领域融合那么大的阵仗，但这个方法有时候确实能让研究得到质的提升。一说到异领域融合，浮现于眼前的一个鲜明的图像是不同专业领域的科研人员开展合作研究，但事实上，很多情况下那只不过是"异领域协同作战"，由科研人员分担了不同的研究部分而已。真正意义上的异领域融合，难道不是在一个人的脑海当中，将不同领域的研究方法和思考方式等独创性地结合起来之后的产物吗？

我当时本以为是一个崭新的研究课题方才去着手研究晶体表面附近的电子输运方式受到晶体表面的原子排列的何种影响的，但事实上当我查阅了大量文献资料后却发现，在 30 多年前的 20 世纪 60 年代，德国的一个研究组就已经做过类似的研究了。我为此曾经在图书馆渔猎了大量的文献资料。由于表面物理学的研究潮流的改变，该课题在不知不觉中被大家给遗弃了。没想到的是，我以现代的实验方法，使用高质量的晶体，使该课题复苏了。

事实上，几年之后，我与那位德国教授成了好朋友，他又是井野老师所熟知的人，所以我曾多次访问该研究室并与其讨论。另外，他在休假期间，也曾在我东京的研究室待了数月，与我形成了亲密交流的关系。那位德国教授后来非常开心地说："自己以前稍微做过的一点研究，经过了 30 余年之后，在远东地区重获新生了。"

井野老师也非常喜欢这个新的研究方向，他安排自己研究室的四年级本科生以此作为毕业设计实验的研究课题，让他们和我一起开展研究。大约两年之后，他将其列为硕士研究生的研究课题。几年之后，更是有两位井野研究室的博士研究生，凭借该课题的研究成果获得了博士学位。就这样，我开创的研究方向不断蓬勃发展，一旦将所属研究室的研究生也牵扯进来，并显示出其拓展性，那就进入了跳出如来佛祖手掌心的孙悟空的状态，可以被视作独立科研人员了。这也是步入了"守破离"当中"破"的阶段。

那个课题成了我自己的研究课题，相关的学会和国际会议的邀请报告的通知，也开始不送往教授而是朝我而来。这样一来，可以说我从助手和博士后的水平晋升至副教授水平的条件开始走向了成熟。

自己现在成了教授后处于一个与当时做助手时相对的位置。我手下的助教和博士后立足于我的研究室，努力去开拓新的研究课题，仿佛想要跳出我的手掌心，不断地追求着有朝一日能被学术圈所认可。我从一旁看着他们的成长，欢喜之情无以言表。

▶ 并行处理——秉持长期战略，积少成多

如前所述，听了诺贝尔获奖者或"大牛"的演讲报告，或者读了学会杂志上面的报道，就会经常见到这样的言论："要想取得重大的研究成果，就要在那个领域尽量挑战重要的课题。研究一些琐碎的课题，是无法做出有影响的成果的。"但我觉得这其实是非常危险的建议。如果真的接受了这样的建议，一开始就只集中精力于自身专业领域中最为重要的研究课题开展工作的话，那肯定会一事无成。在助教或博士后期间，如果因课题挑战

极大而导致若干年都无法写出论文,那可是致命的问题。

大致而言,**重要的研究课题大多都是高难度的**。正因无法简单解决,才成为该领域的重要课题。所以,如果**认为只有自己才能解决这些课题,在一级近似下就是一个错的想法**。反而不得不考虑到的是,由于众多的科研人员对那些研究课题都很感兴趣,所以被竞争者反超的可能性也会更高。如果被其他科研人员反超了,那么几年的努力可就化为泡影,以致失去助教或博士后的职位。若是陷入如此境地,就是因为作为专业人士,太缺少战略性思维了。当然了,这并不是说作为科研人员就要放弃重要的研究课题。

此外,还有其他不同的原因导致若干年都无法写出论文的情况。比方说,设计制作新的仪器设备直到搭建完毕有时需要花费一两年的时间,但在这段时期,如果不能写出论文来是会有麻烦的。那么,应该怎样做才好呢?下面说说我的两个方法。

第一个方法是一边做一些"小故事"的研究工作,一边花时间开展重要的大课题项目。**专业的科研人员每年必须至少发表一两篇论文**。我建议通过稳定的可预见产出的"小故事"、以往研究的延长线、枚举性质的数据,或者与其他团队的合作研究,来挣得"平日的口粮"。做了这样的"并行处理",不但能挣得"平日的口粮",还可以拓展自己的研究范围。而且,在大课题研究方面受到挫折的时候,能将损害控制在最低限度下。具备许多这样的小课题的科研人员是会成长起来的。并且,即便原以为是"小故事"的数据,在钻研的过程中有可能延伸开去,变成一个大的课题,所以,小课题的研究是不会让人后悔的。就在做着一些小课题研究的时候，一直盯着的大课题也许逐渐开始产生一些研究成果了。这么发展下去，接下来就可以安稳度日了。

还有一个方法，如果能将重要的大课题分解为若干个步骤，或者分割成几个小部分，并且可以预计以这些步骤或部分为单位总结出阶段性的成果、发表论文，那就能从正面直接展开对该重大课题的研究。从一开始就构思出整个研究工程的全貌去开展工作的可能性基本上是没有的，但通过发明一个面向重大课题的必要技术，或者解决所需的仪器分辨率，抑或是样品寿命等问题，如此这般，**在研究重大课题的过程中不断积累一些小的研究成果，将各部分的结果总结成论文发表，就可以获得持续不断的成果输出**。在搭建大型仪器设备的时候，对它的探测器的设计与制作以及随后的性能进行分析，即便设备本身尚未完工，也有可能总结出一篇论文来。如果它能叙述清楚本论文所报道的成果在达成终极目标的过程当中所处的位置，那么也将成为一篇有意义的论文。

不管是科研人员还是艺术家，抑或是其他任何有创造力的职业从业人员，如果只是一心追寻自己的理想而目无他物的话，理想之花是会枯萎的。一边挣取生活食粮，一边追求自己真正的理想，这在战略上是很有必要的。

▶ 创作有故事情节的"作品群"

从科研人员与艺术家的相似性出发我还有一个建议。

科研人员也好，小说家也好，音乐家也好，歌手也好，仅凭一篇论文或是一项专利，或仅仅是出道时的小说或乐曲，基本上是不会被认可为专业人士的。"大流行"之后就偃旗息鼓的昙花一现的人，在哪个领域都不乏其例，这样的人无法获得很高的评价。当然了，历史上也有那么几个人，虽然一辈子只写了一篇论文，但由于报告了重大的发现，所以仅凭该成果就获得了诺贝尔奖。但是我们不应该以那样的例子作为奋斗的目标。在博士研究期间做出了很好的工作并被许以很高期待的青年科研人员，到了后来却音讯全无的例子，我也知道一些。

要想作为专业的科研人员在一定程度上受到认可并顺利地做下去，如果不是诺贝尔奖级的工作，那就不能只写一篇有一定质量的文章，还得要写出有一定数量的文章才行。而且，一旦那些论文可以串联出一个"故事"的话，该科研人员所获得的评价会变得格外的高。

假如说贝多芬仅仅只留下《命运交响曲》这一首曲子就销声匿迹，那么在音乐史上也就只会留下一种神秘感："这位作曲家到底是个什么人呢？"正是因为他留下了一系列交响乐（也并不仅仅局限于交响乐）的作品集，那位叫作贝多芬的作曲家的存在感才会如此地强烈。我最近读过的村上春树所著的《我的职业是小说家》里也记述了同样宗旨的内容，这让我确信这一看法是没有错的。该书强调，如果作家不留下一定数量的作品，是不会受到很高评价的。

科研人员也是如此，从发表作为引子的研究成果的论文开始，到将研究拓展深化并总结整理出核心论文，再到发表展示其应用前景等从多个方面聚光其上的学术论文，通过推出一个个

"主题"串联起来一条"主线",那么就会受到积极的评价。专利也是一样的,申获一个基本专利之后,再通过推出若干个相关联的专利,将关联技术都网罗名下,可使该专利的重要性倍增。

有些科研人员,写的若干篇论文表面看起来没什么关联,但随着研究全貌的逐渐显露,便能看清楚他想做的事情和他的目标所指了,那他也能获得极高的评价。与此形成鲜明对比的是,做着各种杂乱的课题,"乱吃乱扔"地发表一堆论文了事,让人疑惑"这个人到底以何为指向在做研究?"那么他终究难以获得好评。

承重之脚牢牢地立于中心课题之上,另一只脚则在各个方向上都试着踩踏一番,开拓新的研究课题,这样的意识对选择和拓展研究课题非常重要。第一章曾写道,研究是一种自我表现,而通过多篇贯穿着一条"主线"的研究论文,方可令自我表现成为可能。

▶ 做研究生的大哥大姐——真诚地交流

教授不论是在年龄上还是地位上都与研究生的距离甚远,所以有时无法与研究生直率地交换意见。但助教或博士后等青年职员往往可以作为大哥大姐与研究生相处,和他们敞开心扉探讨问题,接受他们的咨询。

研究生看着助教或博士后,会想着自己拿到博士学位后是不是也会变得像他们那样,**所以,与研究生离得最近的角色榜样就是青年职员。**研究生似乎往往因与其之间的亲近感而接受从青年职员处获得的建议和信息，所以在研究室的运营方面，青年职员就担当起维系教授和研究生之间关系的重任。显然，不仅仅是研究方面的咨询，对恋爱和兼职打工等私事方面的咨询也能轻松解答的青年职员，对研究生来说是身边非常重要的顾问。

在对研究生的研究指导方面，如果教授和青年职员采取不同的方法手段，效果也许会更好。教授是从正面直接对研究生进行研究指导的。这其实是理所当然的，因为作为指导老师，教授的最大任务就是帮助研究生获得学位。与此不同的是，助教和博士后等青年职员并没有这种任务，比起"指手画脚"地指导来说，更好的方式是**让研究生看到自己的研究身姿，用"背影"去以身相传**。青年职员也在为了自身的职业发展而努力地做出有特色的研究工作。**让研究生看到他们的奋斗姿态本身，往往就是对研究生的一种重要的指导和教育**。看着那些青年职员，既会有对他们憧憬向往的研究生，也会有产生厌气从而离开学术圈的研究生。不管是哪种情况，将青年职员的身影映入眼帘的经历，对研究生教育来说都是非常重要的一环。

我做助手的时候，有个博士研究生对求职活动颇感烦恼，不知道该加入哪个公司为好，也不知道以什么为标准去选择公司。因为我曾在日立公司待过，那个学生每次碰到公司研究所的参观学习、面试和适应性考试等事情，都来找我闲谈一番。我对他说过的一段话印象非常深："怎么就没人给公司设立偏差值呢？公司有了偏差值的话，大家就可以将偏差值尽量高的公司作为目标努力奋斗了。"

我想这应该是他因疲于求职活动，脱口而出的玩笑话吧，我都差点让这些话给笑晕了。不管怎么说，接受研究生轻松随意的咨询，时不时再听听他们的抱怨，像这样给研究生的实验室生活予以实质性支持，我想正是青年职员的重要职责。教授不可能看到那么细微的地方，如果细微之处顾及得太多了，反而会让学生敬而远之。

在我的助手时代还有一个故事。助手关于教育方面的主要任务是担任本科三年级学生实验的指导，我当时负责井野实验室所擅长的电子衍射的初级实验。有一次来了一个三年级的学生，我一边使用电子衍射设备给他看实验图像，一边向他解释理论知识。我们当时的对话如下：

"这个美丽的衍射图案，可以通过求解薛定谔方程来加以解释的。这个方程式居然能像这样子让肉眼可见，很有意思吧。"

但是，那个学生完全没有对衍射图案显示出兴趣来，张口就说："这不是理所当然的吗，哪里有意思呀。"

这句话当场就要把我给气晕过去了。物理学领域的专业方向可明确分为理论与实验两类，但有时候总有些学生对实验完全不感兴趣，而只具有强烈的理论志向。上面的学生就是一个典型的例子。这位极端的学生认为，"既然实验结果全部都能用理论来解释说明，那为什么还要费劲去做实验呢"。我不是想要去批判那样的学生，而是想说，**能直接听到学生直率的意见，了解到他们的思考方式，是助教所处地位的特权**。哪怕是这样的学生，面对教授也不可能直接说出那样不恭敬的话，所以我觉得那是非常宝贵的意见，至今记忆犹新。

实验室的青年职员可以将手伸至教授无法触及的地方，从而获取信息并用于学生的指导工作，因而能够在某种意义上扮演与教授相辅相成的角色，由此而催生出极为扎实的成果（并非仅限于研究方面）。在这个意义上，青年职员与教授之间密切的意见交流与合作是不可或缺的。

▶ 争取科研经费——通过"三级跳远"

专职科研人员不仅仅是领取工资那么简单。他们也会通过自己争取科研经费这一行为，与作为业余科研人员的研究生"划清界线"。

到研究生为止，大家大多情况下是使用指导教授的科研经费开展研究工作的。一旦成为助教或博士后，即便是从属于由教授或团队带头人主宰的研究室，若是自己申请科研经费并获得批准的话，就可以拥有自己的"钱包"。因此，尝试着去争取科研经费是非常重要的一件事。一旦拥有了自己的科研经费，就有可能更为容易地做出有自身特色的研究工作来。

我成为助教后，凭借有生以来写的第一份申请书，获得了科研经费。正如前面已说过的，这笔经费是来自某个民营企业的研究资助财团的 150 万日元。靠着这值得纪念的第一笔科研经费，我不但购置了实验所必需的器材设备，还配置了自己专用的电脑、打印机以及相应的软件等。我用这笔科研经费取得研究成果并撰稿成文，发表在了美国物理学会出版的学术期刊上。这是我从日立公司华丽转身回到学术界后值得纪念的第一篇论文。

当然,仅仅依靠这笔经费购置的实验器材是无法做实验的,需要与井野研究室已有的仪器设备结合起来才行。尤其是表面物理学领域的实验需要使用的真空设备,那价值可高达 2 000万～3 000 万日元,仅凭区区 150 万日元是不可能出科研成果的。这是个很好的例子,由此可见,成为专职科研人员的青年人,从属于某个研究团队开展研究工作是有益处的。要推出自己独特的研究风格,最便利的做法是灵活利用所属研究团队的设备和经验。

与此形成鲜明对比的是,如果在青年科研人员阶段就开始完全独立地展开研究工作,将不得不从研究设备为零的状态出发,因而不可能像我那样轻松简单地开启研究之旅。即便是独立科研人员,如果自己不能搭建好研究设备,那就需要一个具备了公用设施平台的研究环境。

我在获取了民间财团的 150 万日元后,从日本学术振兴会又申请到了约 300 万日元的科学研究辅助金(科研费),并于两年后又成功地获得了约 800 万日元的科研费。接着,在我赴任助手四年之后,从科学技术振兴机构立项的名为"先驱"的研究计划上获得了 3 000 万日元的科研经费。这些项目都是为了弄清楚晶体表面附近的电子输运方式与表面原子排列方式之间关系的,是由我自己开创的研究课题。通过使用各种晶体表面作为样品,制作可改变温度并施加磁场的实验设备,我从多方面扩展、充实了研究内容。从科研经费的金额来看,就像是三级跳远那样,是一个阶段性上升的过程。而我能做到这一点,也是因为我能充分利用井野研究室的实验设备,否则是根本不可能实现的。

尤其是在最近的实验研究当中，为了开展世界顶级水平的研究，有时需要数千万甚至一亿日元以上的极其昂贵的实验设备。助教或博士后等青年科研人员几乎不可能一下子就能拥有如此昂贵的设备。那么，就不开展世界顶级水平的研究了吗？作为科研人员，为了不断进取，就得要始终盯着世界顶级水平的研究。

青年科研人员为了打开局面，像我当时那样利用所属研究室的仪器设备是最为称手的方法。此外，有些大学或研究机构是具有公共实验设施的，所以也可以充分利用所属单位的现有条件。还有，像同步辐射光源和坐落于神户的超级计算机"京"等大型计算机中心那样，有些研究机构拥有全国性的公共实验设施，科研人员可以通过申请，使用那些设施。还有一个最为常见的方法是，将他人列为合作科研人员，以便于使用其所拥有的实验设备。

总而言之，要在青年时期学会"用脑不花钱"的方法。如果年轻的时候就从属于经费充足的研究组，在过于优越的环境下做科研工作，也许会有另一种不幸：无法学习到如何绞尽脑汁去打开科研局面，而这对科研人员而言是非常重要的。

助教和博士后级别的青年科研人员，对于近亿元的科研经费，即便写了申请书，也基本上不会被认可通过。从我评审过科研经费申请书的经验来说，评审员并非只从研究内容的角度去评判申请书，还会看该申请者过去的业绩——不仅仅是研究业绩，还包括研究管理等方面的业绩——来做出判断。对于过去经验有限,只用过数百万日元科研经费的青年科研人员,评审员会认为一下子将近亿日元金额的科研费交给他/她负责是有风险的。因此,不要一上来就盯着庞大的科研经费,而应踏实走过每步台阶,循序渐进地去获得大型科研项目。并且,要琢磨出与其相称的研究课题。**不能梦想着如果没有多少多少经费就无法开展研究之类的事,这连说都不能说。**

对助教和博士后级别的青年科研人员而言,并非被要求得做出诺贝尔奖级的研究计划,所以,**应该撰写两三年内有可能完成的研究计划书。**或者说,即便有一个非常宏伟的研究目标,也应该将其分解成若干个阶段,写一个在两三年间就能将其技术要领等内容大致整理出成果的,贯穿一条主线的申请书。

申请书与论文不同,更应该以准备做报告的心态去撰写。就是说,要和给不同专业领域的科研人员做报告[在第三章定义的(b)类型报告]那样去考虑问题。为什么呢?这是因为科研经费申请书的评审专家虽然也同样是科研人员,但并不一定会是相同专业领域/方向的专家。写申请书时,必须要省略掉撰写论文时本专业领域中的一些固有的细节部分,并且要用一般性的语言,将本研究的要点和重要性以及意义所在阐述清楚。

科研经费的申请书,往往就取决于前五六行。必须要写得让人仅仅读了那几行字,就能明白该课题要将什么问题研究到何种程度,这为何是个重要的课题,而且为何偏偏是自己很适合开展这个研究课题。这是为什么呢?因为在有限的时间内(通常是一个月左右),评审员要利用自己科研和其他工作的时间间隙,审阅超过100篇的申请书。阅读的时间非常有限。

差的申请书当中常见的模式是,在最前面是长篇大论的研究背景,接着是大篇幅地展示自己到目前为止所取得的研究成果,然后才是这次提案的研究内容及其重要性的阐述。等终于读到了最为关心之处时,评审员都已经开始有些烦躁了,随之而来的是一种厌恶的心情,肯定会觉得"这家伙到底要做什么啊?"

评审申请书的视线移动,与读论文时很像。也就是说,评审员会先阅读申请书的最初几行字,然后掠过正文去看文中的图表,随后是看作者论文清单和过去获得的科研经费等科研业绩列表,最后才开始阅读正文。因此,和论文一样,申请书要凭借与论文的摘要相对应的最初的几行字和文中的图表去引起评审员的兴趣,要让评审员带着一个好的心情去翻看正文。如果能顺应这种心理,那就能相当地提升申请通过的概率。也许你会觉得这种评审太随意了,但**申请没被通过的时候,责任是在申请者这边,因为他/她没能撰写出让评审员想要读下去的申请书**。

从我评审申请书的经验来说,给人印象较差的科研经费申请书,主要有以下几种类型。

●**聚焦点缺失**。明明是数百万日元的科研经费,申请书中却写下了一个宏伟的研究构想,又或是仅仅将该领域的研究现状和一般性的问题点罗列一通,让人不清楚申请者要做些什么,打算做到哪种程度。

●**未阐明可能实现的依据**。有些申请书尽管提出了一个非常有意思的课题,但对能否真的完成该课题,或者说为什么自己能完成该课题的研究,并无明确的依据。如果申请者不拿出一些具体的证据,比如已经做了一些预备实验,或者说把现有的设备或程序如何改良一下就能完成该课题等,那评审员是不可能安心地将科研经费交给申请者的。

• **主线太过纤细**。有些研究被分为若干个步骤,只有将各个步骤很好地串联起来之后才能做出一定的成果。对于这种主线过于"纤细"的申请书,各步骤当中只要有一个掉了链子,就会导致研究计划全盘崩溃。而对于有更为"粗壮"主线的申请书,就算其中的某些环节掉了链子,也总能做出某种程度的成果,那么评审员就能安心地给出高分。

• **科研经费的使用不均衡**。有些申请书要申请的明明是较为大型的科研经费,却写成了将几个小型预算拼凑起来的感觉。这样就失去了申请大型预算的意义,倒不如去分别申请若干个小型的预算。

申请书中还有一个重要部分是已有功绩。过去的研究业绩、论文一览表和学术会议报告一览表等内容是非常重要的,此外,过去曾经获得过的科研经费一览表也是很重要的。如果有扎实的过往业绩,那么评审员可能会觉得申请人用这次的科研经费也能切实地做出些成果来,从而会安心地给出高分。与此相反的是,有些申请书虽然提案的研究计划非常有意思,但申请者在那之前基本上没有什么研究业绩,那么评审员可能就会做出判断:这项研究计划很可能是来源于某个学术期刊上或者国际学术会议上看到的一篇文章或听到的一次报告,根本没什么研究成果值得期待。也就是说,申请书提案的研究计划与申请者以往的研究业绩是被捆绑在一起接受评审的。小规模科研经费的申请当中，以往研究业绩所占比重较低，基本上就只看提案的研究内容；而一旦申请的科研经费额度到了一定的程度，那么过往业绩的比重就会有所增加。

接下来教大家一个**撰写科研经费申请书时的珍藏"秘笈"**。写申请书的时候，**用自己已经做了相当程度的研究内容去申请**为好。也许你会觉得很诧异："用已经做的研究去申请新的科研经费，这到底是怎么回事啊？"但事实上，这正是我所说的"秘笈"的奥妙所在。该课题研究若已有所进展并已获得一定程度的科研成果，就可以在申请书中对该成果稍作介绍："这终究是一些前期研究的结果，我们希望能用申请到的科研经费开展系统性的研究，完成全部构想的研究内容。"

这么一来，可以极具说服力地强调该研究内容的可行性，使其成为目标极为明确的研究计划。这也是理所当然的，毕竟都已经做出一部分科研成果了。评审员对此会有个极佳的印象，觉得这个研究计划的前期准备充分，达到研究目的的可能性非常高。这一方法的更妙之处在于，因为已经做出了一定的成果，所以在研究项目结束时，基本上不必为撰写必须要提交的结题报告书而担忧了。

另外，顺利地拿到了科研经费之后，若是说起来该用这笔经费做什么样的研究好的话，那就应该做那种可以构成下一个经费申请书素材的研究。这可是关键之处。这种"循环式操作"，可让人精神放松。而且这么一来，可以一个接着一个地申请科研经费，使经费不间断，非常值得一试。

▶ 在学术会议上出风头——吸引未来的雇主

正如在第三章中曾提到过的,我希望大家在研究生期间要充分利用学术会议上做报告的机会,使其成为完成硕士或博士毕业论文的助力。而取得博士学位并成为博士后或助教之后,在学术会议上做报告也仍然是一件非常重要的事情。青年科研人员都应该要尽可能频繁地在学术会议上发表科研成果。不过,其目的与研究生的不一样。前者的目的在于**要向其他的教授或资深科研人员等将来有可能成为雇主的人展示自己的存在感与能力,从而为获得下一个工作职位奠定基础。**

如前所述,学术会议是"科研人员的试演舞台",教授在给自己的研究室寻找助教,或者给所属院系征募副教授的时候,会在学术会议上物色优秀的青年科研人员。所以青年科研人员很有必要持续不断地在学术会议上做报告。重要的一点在于,青年科研人员要提前给教授留下一个深刻的印象:"在那个领域,有那么一个很有精气神的青年科研人员"。

对博士后和助教而言,大家对他们做报告水平的期待和对研究生是不一样的。一个人在学生时期可以视而不见的一些细节,在他成为专业的科研人员后会被严格审视。我在日立公司期间曾经被前老板外村先生这样告诫过,在与过去已有的研究做比较并以此强调自己的研究优点时,不能说:"已有研究是怎么怎么地不行。与其相比,自己的研究是怎么怎么地棒。"强调自己研究的优点时,与不好的已有研究相比较是体现不出自己的优点的,贬低已有研究除了显得不礼貌之外别无益处。应该这么说:"已有研究在这一点上是很好的,而我的研究更好。"(应该忌讳说自己的研究有多么好,所以只要说"在这一点上有所改善"就行了。)在许多场合,都需要像这样照顾到方方面面才行。**就算是科学家、科研人员,作为专业人士也要注意礼仪。**

另外,在向有可能成为未来雇主的教授和资深科研人员展示自己的时候,**不仅仅是自己做报告,利用其他报告人做报告后的讨论时间**也是个有效的手段。也就是说,如果经常性地提出一些尖锐的问题或触及本质的问题,哪怕你不愿意都会落入教授的眼中。你所提出的那些问题,如果能区别对待,即**对教授和副教授水平的前辈报告人提出挑战性的问题,而对研究生样子的年轻报告人提出教育性的问题**,那么你留给教授的印象会提升一个台阶。想要历练研究生而提出一些戏谑人的问题有时候也是好的,但如果做得过分了就会适得其反。不要一上来就以否定报告结论的腔调提出问题或建议。这时候,需要像个绅士一样委婉地说:"考虑到某某方面,它与你这次对研究结果的解释似乎有所不同,是否可以用另外的某个原因去解释你的这个结果呢?"

还有一个常见的事是,在一个报告结束之后,当主持人站起来问听众:"大家对报告有什么问题或建议吗?"有时候会出现谁也不举手的冷场,主持人则会为如何度过这 5 分钟的讨论环节而发愁。而如果这时候有人举手了,主持人必然会舒一口气,立刻指向回应者让他发言,并对他心怀感激之情。因此,**在没人提问时积极地提出问题来,会让教授和资深科研人员觉得这家伙**

是个识大体的科研人员，从而对其产生好感。像这样的察言观色是专业的科研人员生存下去所必需的能力。

学术会议期间常常会有各个领域或方向的分会场同时进行，因此，不要仅仅只参加自己专业领域的会场，也要时不时地去其他相关领域的会场露露脸，收集这些领域的信息。这是在研究生期间未予考虑的重要事情。在那些会场上，会听到自己不熟悉的话题而产生新鲜感，也许会发现一些可用于自己研究的实验方法或样品材料。或者，有时也许会受到其他领域的思考方式的启发。听着其他领域的报告，有时会一下子想起一个新的研究素材，觉得"如果是自己的话，就可以用更好的方法去做这个研究了"。还有，如果看到了有些报告的研究对象是自己的研究方法也能用得上的，那么可以在休息时间找到报告人，向其提议开展合作研究。这也是拓展自己研究领域的一个途径。

如此这般，对于同样的一个学术会议，专业的科研人员要多方位地利用参会机会，这与研究生时期是不同的。想要从教授或老板的手掌中跳出去，像这样持之以恒的努力是必不可少的。

成为助教或博士后并在本专业领域内有了一定的存在感之后，就会被邀请担任一些报告的主持人。其任务在于介绍报告人，维护讨论的秩序，让所有报告按照预定计划有序进行。有时候还不仅仅是这些，电脑与投影仪之间的连接、房间内的灯光照明以及空调的调节等，报告厅里的一切相关事务都由主持人负责。

做了主持人，有个不好的地方就是无法参加同时间在另一个房间里进行的自己感兴趣的报告。不过，做主持人这件事情本身,就说明自己作为该领域的专家已经受到了认可,所以**要愉快地接受做主持人的邀请**。在科研人员圈子里,做志愿者的精神是很重要的,有时候做出些小牺牲,会得到更大的收获。**做了主持人,不但能获得研究生尊敬,也能提升吸引未来雇主眼球的概率**。而且如前所述,如果一个报告讲完后没有任何人提问题,经常是由主持人开口引出问题的,所以此时如果能提出有意义的问题或意见,就更能体现出主持人的水平了。

上升到了博士后和助教的水平,就应该积极地在国际学术会议上做报告。尤其是有了自己的科研经费之后,去参加国际学术会议时,可以自己张罗国际差旅费,而不用再看教授的脸色了。当然,为避免对学生实验等本职工作产生影响,请务必事先就出差期间的对应措施与教授或团队带头人商量妥当后再去申请参加国际学术会议。在国际学术会议上,也要像在国内学术会议上一样报告讨论,并积极参加休息时间段的交流活动,将人脉拓展到国际上去。而且,不可思议的是,在国内学术会议上相互见面的本国科研人员之间可能不会产生很亲密的关系,到了国外,其关系就容易变得融洽了,因此,也可以在国外积累国内人脉。总之,**如果有了自己的科研经费,应该设置每年至少一次的国际差旅费**。

一旦有自身特色的研究通过几篇论文为世人所知了,就会招来在国内和国际学术会议上做邀请报告的机会。邀请报告是由学术会议的程序委员会选出来的在某些特定的课题上做出了杰出科研业绩的科研人员,所以这是被邀请者的极大荣誉。因此,**如果有了邀请报告的机会,不论是在多远多不方便的国家召**

开的会议,也要尽可能地接受邀请,并且要认真细致地做好演讲报告的准备工作和练习。一旦所做的报告非常出色,就可能会让偶然出现在那个会场的某些大教授在组织别的学术会议时再次邀请你。**邀请报告就是像这样"连贯"下去的**。反过来说,尽管有了一个做邀请报告的机会,但**如果报告效果不尽人意,可就不会再有下一次的邀请了**。

所谓效果不好的报告,并非单单指陈述水平低,还因没定位好第三章所说的报告类型。不论是国内还是国际学术会议,普通的口头报告一般都是(a)类型的,将听众设想为与自己具有同等知识与兴趣的人群去做报告即可。但对于邀请报告,就必须要做成(b)类型的呈现方式了。也就是说,邀请报告的听众大多数是想了解该领域或者该课题方向的发展历史和研究现状等概况,所以并不仅限于具有和自己同等知识及兴趣的人群,也不限于渴求最新研究成果细节的科研人员。

因此,**在邀请报告当中,应该将预测的听众知识水平稍微降下来一些,将一半的报告时间用于本领域及课题方面的概况介绍,用剩余一半的时间介绍自己的最新研究成果**。如前面的第三章所述,**应该要"以客人为本"来呈现成果**。成为专业的科研人员,就要能够"区别对待"口头报告和邀请报告。做过邀请报告这件事情本身,也是晋升为副教授的重要考评项。

除了在学术会议上做邀请报告,还有个有助于巩固自己在本领域的学术地位的重要手段,那就是撰写综述文章。在综述文章当中,要阐释见著于多篇原创论文中的科研成果之间的关联性,展现一幅某个问题已经研究到了哪一步的整体图像,并要对该领域或该话题的将来发展做一个研究展望。被期刊编委邀请撰写综述文章,就意味着你已经被认可为与该话题相关的权威人士了。因此,无论如何,都要欣然接受邀请,撰写综述文章。期刊编委在学术会议上听了邀请报告后发出综述文章邀请的事并不鲜见,所以从这个意义上来说,邀请报告也是很重要的。

有些科研人员不想写那种"向后看"的综述性论文,想仅凭原创论文一决高下,但我认为有机会的话,还是应该积极地去撰写综述文章。英语的综述文章被引次数多,所以很有助于科研人员提升知名度。日语的综述文章虽然本身价值不太高,但可以向国内其他领域的科研人员展示自己,所以如果受到了邀请,也不要感到麻烦而拒绝。这些综述文章会和原创论文一起被算在研究业绩当中,可在晋升之时用到。

▶ 若去海外留学,则勿错过时机

如今,在本科生阶段就去海外留学一年的学生已经不少见了。读了研究生后,因合作研究及实验等原因,去海外待两三个月的机会也多了起来。

还有些想花更长时间,比如两三年,积累海外研究经验的科研人员,他们多数是在获得博士学位后以博士后的身份出国的。完成一项课题获得了博士学位,在一定程度上固化了自己的研究方向,就以此为基础,到国外去稍微拓展一下自己的研究领域,并进一步积累研究经验,像这样的想法对青年科研人员在学术圈的晋升是很有益处的。如果错过了这段时期，就很难再有可以长期待在国外的机会了。一旦晋升至副教授的层次，有了自己的研究团队，就不可能将自己的学生和手下抛在身后而自己长期待在国外了。

我自己终究还是错过了长期留学海外的机会。待在海外的最长一段时期也就是因合作实验在德国待了两周。在我以助教身份专注于研究的时候，不知不觉中就升任了副教授，建立了自己的研究室，招收了研究生，因此也就无缘于长期的海外留学了。

与我同学科的教授同事当中，绝大多数人都有过两三年的海外博士后经历，有的甚至在海外待了 10 年以上。像我这样的教授可以说是例外了。因此，我经常自嘲为"土鳖教授"（home-made professor）。不过，在这个词语的背后，其实有着我不输于"海龟教授"的自信。

至于选择具体的留学地，如果是获得博士学位后打算去国外做博士后，通过论文阅读应该已经了解到了自己专业领域内的三四个有名的国外研究团队，那么从中选择目标团队较为妥当。如果与该研究团队的带头人曾在国际学术会议上碰过面交谈过是最好的了，如果没有的话，可以求助自己的指导老师，看是否可以帮忙介绍。从拓展自己的研究范围的角度来看，即便在同一个研究领域，我也建议大家去找那种和自己一直以来的研究内容略微有些不同的研究团队为好。另外，博士后期间的工资，如果能利用日本学术振兴会的"海外学振"制度自行解决，对方肯定会非常高兴；如果不行，则**可与对方教授交涉，由**

对方给自己开工资。总而言之,抱着"不管成功与否先试试看"的心态,摸索出几个可能的方案来,就总能开辟出一条留学之路的。

经常听人说起的一个疑问是,虽然各个专业领域不尽相同,但总体来说,日本现如今的研究已处在世界的顶尖水平了,难道还有必要特意跑到国外去留学吗? 对此我认为,**如果有机会而且情况又允许的话,应该立即去海外留学**。先不论研究水平的高低与研究环境的好坏,在完全不同的文化氛围当中,与具有各种思考方式和接受不同教育的人相互交流、共同研究的经验,显然会在各个方面有助于自身的成长。我从自身(数次)短期海外停留的经验来看,就能强烈地感受到其中的有益之处。

其实,现在就算身居日本国内,身边也有许多从海外来的留学生和外国科研人员,使得国际交流非常兴盛,所以不用特意出国,相似的经验在国内也能体会得到。但即便如此,我还是希望青年科研人员能积累海外经验。我时不时就会听到有人说,**在尽是日本人的东大生的研究团队里,大家都是秀才,考虑的东西都很相似,这让大家的思维方式欠缺跳跃性**。我认为,海外研究经历的不可取代的宝贵之处在于:非常多样化的科研人员聚在一起,一边相互交流讨论,一边动态性地开展研究。

导致青年科研人员对去海外做两三年的长期博士后踌躇不前的最大理由,我想是他们对回来后能否在日本获得职位的不安感。我经常听到有人说待在国外寻找国内职位是很让人操心的事情。但现在是互联网时代,即便待在国外,也能在第一时间获得各种人事招聘和科研人员转职的信息。因此,不会像以前那样陷入"浦岛太郎"①的状态，我认为这种担忧基本上是没有必要的。

从国外寻找国内的职位，应该做的事情我想其实和国内的博士后是一样的。也就是说，要用心地充分利用好国内和国际学术会议，制定有效对策。具体而言，就是积极地参加国际学术会议，主动地与参会的日本教授联系交流，时不时地将出席日本国内的学术会议和"回家省亲"的日程调到一起，在国内学术会议上不时地做个报告以求展示自己，由此来消除平时身在国外的不利因素。每次回国的时候，去拜访著名的教授，可能的话就在他的研究室讨论会上做个报告（当然，这得事先预约），如此这般，可利用各种不同的方法增进与国内科研人员之间的交流。如果从属于国外著名的研究团队并发表了高质量论文，那么留学经历反而能成为寻找职位的优势，可灵活利用该有利条件寻找国内的职位。

通过海外留学，能格外地历练出战略性和计划性等综合性的个人能力，所以我建议青年科研人员要去海外留学。而且我认为刚刚拿到博士学位后是去国外的最佳时机。像前面说的要从"如来佛的手掌中"跳出去，海外留学也是一个非常有效的手段和方式。

---

① 日本传说中的人物，因救助神龟被带到龙宫，与世隔绝。返回家乡后发现面目皆非。——译者注

第五章

副教授、教授和团队带头人篇：
独立运作研究团队

▶ 晋升——"由上而下提携"是错误看法

虽然不同的大学或者同一所大学的不同学院体制会有所不同,但科研人员从助教升任副教授后,一般都会拥有自己独立的研究室。这在企业或研究所里,相当于研究团队的带头人。处于该地位的科研人员,英语总称为 PI(Principle Investigator)。

PI 是有着自己的学生、博士后和助教等部下,代表着研究室或研究团队,并担负所有责任的一个职位。PI 是"一国一城"之主,不仅仅在所属机构,在其专业领域圈子里,也成为大家公认的够格的专家,处于受人关注的地位。

一旦成为 PI,其主要工作不再是自己个人的研究,而是如何带领整个团队开展研究,具体包括以下几方面内容:

● 为整个团队获取科研经费。

● 招募(或者开除)团队成员。

● 在每位团队成员申请奖学金或寻找下一个职位的时候提供各种帮助(写推荐信,修改论文稿件等)。

也就是说,成为 PI 后,不只是作为科研人员的研究能力,还有作为教育者的指导能力以及作为管理者的管理能力,都变得

重要起来。在这一点上，助教及博士后与副教授是完全不同的，两者间在很多意义上都有很大的差别。

因此，许多的学校和研究机构在聘请新的副教授层次的科研人员时，或者进行内部提拔时，是极其慎重的。人选不当的话，就会影响到包括其手下和学生在内的许多人。他们是在全国范围内募集候选人（称为公募），然后从众多的候选人当中经过严格的评审后被挑选出来的。助教或博士后有很多也是通过公募被选拔出来的，但对他们的选择，大多是由之后成为他们导师的教授或副教授的独断而定。与此不同的是，在很多意义上副教授处于责任重大的地位，所以对他们的选聘绝大多数情况下都是由许多评委达成共识而定。有时候，该学科所有的教职员都会参与选聘工作中来。

首先是通过书面评审从应聘者当中挑选出若干名候选人，然后进行面试。即候选人在数名评委或者该学科所有教职员面前做报告，阐述自己的研究成绩和之后的研究计划，以及关于教育和研究团队发展的方针和抱负等。接下来，候选人会接受严格的质问，不单只针对研究内容，还有诸如"你能上什么课""在学会是否担任什么职务"和"你能编制入学考题吗"等，包括对教育、学会活动和社会贡献的思考在内的诸多方面的问题。

如第三章所述，这个面试的报告和提问交流环节是非常重要的。这是因为论文的好坏只有同专业领域的科研人员才能判断，而通过报告和提问交流环节，即便是专业领域完全不同的评委或教职员，也能判断出该候选人是否有能力。是否聘用该候选人，由来自不同专业领域的评委或教职员的意见或投票而定，所以这要求候选人要有能打动说服非本专业人士的能力。由此可见,那种将完全还是门外汉的学生吸引到自己的专业领域里,以及从非专业领域的评审员处获取科研经费的能力,在应聘阶段又被考验了一把。成为副教授或团队带头人后,这种能力具有决定性的作用。

因此,做报告之前要认真细致地做好准备。至少对自己将要加入的院系里都有些什么教授和副教授,他们都在做些什么领域的研究,有必要提前做一番调查。可能的话,**在报告中加入一段话:"我与贵院系中的几个人的研究领域相近,如此这般地能够开展合作研究",能极大提升评委对自己的印象。评委就算知道这是"空头支票"也不会介意的**,反而会感受到应聘者的热情从而生出好感来。像这种程度的"小算盘"都拨不来的话,那可没有当 PI 的资质。

最后,聘人机构会向同一专业领域的泰斗权威(不仅局限于国内其他机构,还有国外研究机构的教授和资深科研人员)征求他们对每一位候选人的科研业绩和发展潜力的意见,请他们从专业角度评价候选人。如果被邀请的泰斗权威说"我不清楚这个科研人员的情况",那么候选人会被判断为没有显示度(即不活跃),从而陷入极为不利的状态。国内自不必说,在国外看来也要(通过论文及国际学术会议上的报告)引人注目,这对候选人来说是很重要的。为此,如第四章所述,候选人必须要在助教或博士后时期,从所属团队老板的"如来佛手掌"中探出身体来,做出**多个**有个人特色的研究成果(论文)来,带着这些成果在国内外的学术会议上**连续地**做报告。

也许是受到影视片的影响,关于这种大学教职员的聘用之事,一般人会觉得比起本人的实力,其人脉更有影响力。有人说,很多聘任是因为科研人员加入了实力派教授的"伞下",该教授强有力的推荐信成了决定性因素,即所谓"由上而下提携"的方式。在我所见识的范围之内,这样的看法完全是错误的。聘任过程真正是**仅凭实力的严格的胜负之争**。不论有多么著名的实力派大教授的推荐信,如果候选人自身不靠谱又实力不济的话,那也没戏。不过,这个时候的实力,指的不仅仅是研究能力,还包括如前所述的指导能力和管理能力等综合实力。

比方说,有一位曾隶属于某个大教授研究团队的助手或博士后前来应聘副教授的职位,即便由于该团队的研究环境极佳,应聘者做出了优异的研究成果,成为多篇高影响因子论文的共同作者,但假如该人在其中并非起了领导性作用,而还是处于"如来佛手掌"之中,那么评委对其评价就不会太高。这种情况下,很难判断其实力,所以聘任方就会犹豫不决。相反,那些身为小研究团队的助教或博士后,将学生与合作科研人员拉进自己独具特色的研究工作中来的青年科研人员,会让人感受到他们的实力和将来的发展潜力,于是评委对他们作为副教授候选人的评价会更高。

因此,即便某位科研人员是多篇刊登于高影响因子的著名杂志上论文的共同作者,评委也会对其做虚实调查,弄清楚该候选人本人的贡献及其在团队中的位置和作用,再行判断。这一行为虽然被揶揄成"征信所调查",但确实很重要。因此,选聘副教授的过程中,对候选人的评价并非仅仅看其出版论文的篇数或影响因子。恰恰正因如此，这一过程也成了选聘制度被批评的由头："很难理解到底是以何为标准来评价候选人的""人事不透明"。但**这并非是作弊或者不公平**。关于教职员的人事，并非和大学入学考试一样有一个单一的标准，它是从多方面、多角度进行评价的结果。

▶ 拥有自己的学生和部下——以身示范，以言传教，以练促长

如前所述，成了 PI，就将担负起责任，并开始拥有自己的学生和部下。在大学里，导师的责任在于指导督促学生开展研究，撰写本科毕业论文、硕士论文和博士论文，促使其毕业或完成学业。不管学生有多怠慢，既然收了，导师就要有责任令其毕业或完成学业。在企业或国立研究所，团队带头人的责任在于激励自己研究团队的每一位成员，让其完成被分配到的研究任务。

PI 在雇用自己的助教或博士后时往往能独自裁量做出决定，可以说是一手掌握着自己研究室的人事权。当然，责任与权利如影随形。为了获得可能帮助自己强力推进研究计划的人才，或者能利用自己研究室设施开展新的研究的人才，PI 会在平日里，在学术会议上寻找潜在的候选人，与这些学生或博士后的导师联系，以期将来聘用他们。

另外，PI 还可以积极撰写申请书去雇用外国人博士后。在这方面，可以放心地雇用相识老师的学生，如果雇用完全不知背景的学生做博士后，还是有风险的。至少，得在国际学术会议上

见过该科研人员做的报告，或者是自己曾与之交谈过的，这样雇用才会是安全的。聘用外国人做部下的时候，应该努力收集各方面的信息，需要的话还可以利用互联网对其进行面试。

录取研究生的途径当中，研究生入学考试是一道大的门槛。利用引导交流的机会介绍研究室的时候，会有学生对自己的研究表现出浓厚的兴趣。在考虑是否要录取这些学生的时候，不要仅凭笔试成绩去做判断，还要考虑从面试环节中获取该学生的志愿动机、至今的学习状况以及毕业论文的完成情况等信息，进行全面综合的评价。尤其是和我的一样以实验为主的研究室，一定要注意到，有时候会有些学生虽然笔试成绩极其优异，但对实验缺乏感觉和热情。所以不仅仅是看成绩，还很有必要看清楚学生的适应性如何。在学生来研究室参观见学的时候，可以利用与他们直接交谈的机会做一些试探，看清楚（至少要努力了解）该学生到底仅仅是表面上的兴趣，还是有什么战略性的考虑而对自己的研究室产生了兴趣。

PI在决定研究室整体研究方向、预算和运营方针等的同时，还要与助教和博士后等职员一起关注每一位研究生，维系研究室的繁荣。当然，助教和博士后必须要做出有其自身特色的研究工作，所以还要通过研究交流和讨论，给予他们一定程度的指导。

研究课题对研究生来说是非常重要的，一个时常出现的相关问题是"课题的重复"。在同一个研究室，使用同样的实验设备，而且是兴趣爱好都相似的研究生一起做研究，于是常常会有两个同学一开始的研究课题相去甚远，但随着时间的流逝，研究内容变得越来越近,课题也出现了重叠。像这种事情总有可能发生,因为课题研究总是会受到当下的潮流与倾向的影响。

如果那两个同学的年级相差较大,问题倒不大,他们有时候还可以合作研究。但如果是同年级学生则问题很严重,因为不可能在同一年以同样的课题提交两篇博士论文或者硕士论文。在这种情况下,PI或者助教就要趁着还来得及的时候,进行调整分配,考虑如何实施研究的"分家"。哪怕那两个人做的是合作研究,也不可能让他们对同一个研究成果分别撰写文章,所以要在实验方法、样品以及研究攻关方向等方面稍微做出些调整。为此,研究室内日常的思想沟通和信息交流是很重要的,PI一定要做好这方面的管理。

我在30多岁到40多岁的副教授时代,还和学生及助教一起在实验室里做实验。实验科学家还是在一起做着实验直接指导学生的时候感觉是最充实的。所以,当我现在到了50岁后半段,基本上不会再在实验室做实验的时候,作为科研人员,我总会觉得心里空落落的,寂寞感油然而生,禁不住不满地自问:"这样好吗?"

记得有这样一句名言:"若不以身示范,以言传教,以练促长,以誉扬之,则人不为所动。"我想,这句话不但适用于对研究的指导,也非常适用于对任何种类工作的指导。

以身示范。副教授或团队带头人在年轻的时候,还会亲力亲为地做研究,能够以身示范,做给学生看(当然,老先生也能以身示范,但要小心别变成了"老年人的冷水")。

以言传教。将研究的意义和趣味性详细地以言传教给学生是很有必要的。不加说明地只叫学生去做研究,学生是不会积极主动地动起来的。PI 如果不向学生说明清楚自己所持有的研究目标和研究战略的整体规划,不让他们认识到自己所涉及的研究在其中处于什么样的地位,是不会激起学生的兴趣的。

以练促长。让学生实际做做看,让他们用身体去感受研究到底有多难或者有多有趣,是很有必要的。让学生真实感受到研究与纸上谈兵式的学习是完全不同的。

以誉扬之。当学生完成了哪怕是极其微小的一件事情,也别忘了对他/她的称赞,这是绝对有必要的。研究生虽说是过了 20 岁的大人了,但一旦受到了导师的赞扬,还是会忽地一下干劲十足起来。

随着年岁的增长,副教授和教授的繁杂事务会多起来,分给研究的时间也会逐渐变少,最初阶段的以身示范变得不再可行,唯有靠以言传教去指导学生。这虽然有些遗憾,但我想上述名言已经将指导人时所有一切都凝练进来了。

▶ PI 绝不能成为"赤裸的国王"

如前多次所述,研究进展无法如意遂行是家常便饭。在这个时候,如何很好地鼓舞激励研究生、博士后和助教是 PI 显露手腕和本领的地方。研究室每一成员都有不同个性,PI 要边注意其反应,边给每一成员实施个人定制般的支持。学生的问题有很多种形式,有的总是不得要领,研究寸步难行;有的总犯同样的错误而不知改正;有的忘记了研究的初衷,拆东墙补西墙地应付差事,如此等等,不一而足。该如何对待这些问题,下面总结了几个关键点。

当即将召开学术会议或研讨会,或是硕士论文或博士论文的提交期限逼近时,学生却还没做出满意的成果,就连 PI 都为此捏一把汗了,有些学生依然毫不在意地说些不紧不慢的话,或者固执地夸夸其谈些(他自以为是的)大道理。即便如此,PI 也**不可不假颜色地对学生发怒**:"现在是说那些事情的时候吗?"更决不可露骨地指责学生的无能。这样什么问题也解决不了。

这个时候,**只有先忍耐**。老师一旦发怒了,整个研究室就会趋于萎缩,长期来看是不利的。研究室在某种意义上是个封闭的空间,PI 在其中是绝对的"君主",所以老师的一句话,会戏剧性地改变整个实验室的氛围。**PI 若是频繁地发怒,学生和部下就只会汇报 PI 料想的研究成果**。这样一来,PI 就开始成为"赤裸的国王"了。

因此,当需要严厉地给某个学生提个醒的时候,而且高年级学生或助教已经认识到该学生的问题了,可以在研究室的组会上引导讨论,让高年级学生向该学生提出建议和忠告。从我的经验来说,**助教或博士后对研究生做严格的指导,而副教授或教授则和蔼以待并居中调和**,这样的角色分担会让实验室运行顺畅。在实验室内,若是这样的"自我修复机制"能够自然地运行起来,则可维持良好的氛围。身为 PI 的老师总是发火或是在组会上喋喋不休是很不利的。

研究室肯定要开展不至蒙羞的研究,所以 PI 有时候必须做一些具体的指导。这时候,精神论是没有用的,指出明确的道路,比如建议改变实验条件或方法,才是最有效的。学生本人如果非常焦急,可能会忽略一些简单的问题,或者因头脑混乱而不知所措。让学生把要做的事情分成几个步骤一个一个地去完成,类似这样明确的指示是非常有效的。另外,将目标重新设置得稍微低一点,也会让学生紧绷的神经稍微得以松弛。

还有,让学生借助其他学生或职员之力的建议也非常有效。有些学生哪怕是陷入了困境,也无法自己发出求救信号,在这种情况下,建议这些学生寻求其他组员的帮助就会非常有效。搭把手帮个忙而成的合作研究不是件坏事,反而是值得推荐的,所以安排其他学生搭把手,或者将学生的负担分一部分给其他学生或职员,是没有任何问题的。确保这样的合作变通在研究室内能大行其道,也是 PI 的职责所在。

研究生常常会以消极的口吻去阐述自己的实验数据。学生哪怕是获得了不错的实验数据,也会要么觉得“自己不可能发现新的东西”“在自己身边不可能出现什么重大发现”,要么只是仅仅没有自信,总想着去否定自己的数据。这种倾向在做实验的学生当中尤为常见。对这样的学生,要耐心地劝导,为了让其信服,可以建议他/她在各种不同条件下继续实验,使其产生积极的态度。

或者,有时候得到了一些无法理解的实验数据,很多学生会消极地说:“这样的数据,什么意义都没有。”在这个时候,我会转述我的导师井野教授的话“巨蟒的尾巴”(参看第二章),积极而坚定地鼓舞学生。为此,可以和学生讨论具体的细节,比如仔细检查实验条件,或者改变总结数据的方法等,关键是要让学生有认同感。这既不是安慰,也不是走过场,实际上有很多时候,再稍微坚持一下,就能看清楚该数据到底是"巨蟒的尾巴"还是"小青蛇的尾巴"了。

数据与始料不符,产生否定性结果的时候,PI 如何去积极地解释数据为学生打气,也是非常重要的。否定性数据的出现使得无法达成既定研究目的,追究其中原因本身有时倒也是个不错的研究课题。如果学生说"测量值不断变化稳定不下来,所以实验失败了",我会尽量让学生积极应对,告诉学生:"测量值为何不稳定?弄清楚其中原因,就能明白其测量当中所蕴藏的信息。那有可能是没人想到过的一个问题。将其弄清楚了,不就成为我们新的研究材料了吗?"

当然,这样的建议并不总是能获得真的成果,很多时候不立即放弃而是再稍微坚持一下看看,并不是在白费劲。**世上之事往往并没那么顺利,不是每做一个实验都能成功的**。但是,有时**过于拘泥过于坚持的话又会让时间无端流失**,所以安排的恰当与否是很重要的。

在我 20 多年来作为 PI 所指导过的学生当中,也有少数人尽管努力地研究、工作,却直至毕业也未得到任何有新意的原创性结果。当然,这是硕士研究生的情况。在博士研究生阶段,没有创新性成果是无法获得博士学位的,但对硕士研究生来说,创新性成果并不是必要的。硕士研究生即便只是开发了实验设备,或者改良了设备,让实验效率多少有所提升,凭借这类程度的工作也能获得硕士学位。遗憾的是,的确有到了毕业也未能获得值得成文投稿的成果的学生,虽然只是两三例,但还是有的。

　　毕竟是研究,成果不能如期而至的事情总还是有的(出现这种情况时 PI 的责任不轻),这个时候的问题是该如何善后,完成硕士论文的撰写。为此,重点是要将硕士两年期间做过的工作做一个总的概括,并至少要为今后研究的延续提出展望。这时可在论文中阐述:"因为时间关系只做到这一步,但接下来如果这样开展研究就有可能获得那样的新知识。"比方说,因搭建设备花费了太多时间而无法及时获得新的研究成果,那么只要用该设备高效地再现了以前已被报道过的研究结果,并以此说明其性能达标的话,那也是一种积极的善后形式。更进一步地,可以**在硕士论文里以一番美好的展望收尾**,说如果使用这台设备,对当前备受关注的物质做怎样的测量,就能得到怎样的结果,从而获得怎样的知识。

　　话虽如此,但面对以这种遗憾的状况毕业的学生,坦白地说,我深感内疚。不过,也许是一种托词,正如前文所述,我相信某公司人事部门的职员说过的一段话:至少在硕士阶段,"比起做了哪些研究,或是在研究当中获得了哪些成果,全身心地投入一个看不到答案的课题当中并为之努力工作的这一研究经历本身,才是对其今后的人生非常重要的。"虽说未能获得令人瞩目的成果,这些学生在研究过程当中,会学到逻辑分析的思考方式、信息收集和处理方法、报告发言等交流技巧以及随机应变的战略性思维理念,我相信这些在他们之后的工作当中会产生积极作用的。**体验一把未能达成目标的失败经验,可是仅限于在大学里才能有的特权**,进入社会后,失败是不被容忍的。所以,我希望大家如果研究工作进展不顺,就要从其失败处学到东西后毕业(这是不是听起来像个借口)。

▶ 受教于学生——老师在大自然面前也是学生

老师对实验的预期和预言与结果不符的情况在研究室里经常发生。从某种意义上来说,这让老师颜面扫地。出现这种情况的时候当然没有必要愤懑。老师是根据其丰富的经验对实验结果做出预言的,预料不中,是因为与老师考虑到的机理和效应不同的其他因素发生了作用从而导致意料之外的实验结果,而这正是一个新的发现,是应该高兴的事情。PI 的职责之一,就是要带头犯一些这样的创造性"错误"(激发创新的"错误")。

在优秀的学生和青年科研人员当中,有些人极其担心犯"错误"。这也许是应试学习的残余影响。**老师在大自然面前和学生一样不过是一名科研人员而已。**因此,我建议老师要站在与学生、助教和博士后同一视角上去思考研究内容,**建立大胆的假设去带头犯错。**不犯错误本身就是没有去挑战新的研究的证据,无非是在以前所做研究的延长线上惰性地干活而已。**研究结果未能如预言或预想所料,正说明是在挑战新的东西,并有新的发现。**

而且,学生也会有一种初生牛犊不怕虎的劲头,有时候也会给老师带来一定的刺激,尤其是对于那些因为某种立场定位的需求而变得保守的副教授。

有个小故事发生在我刚刚开始研究晶体表面的原子排列方

式和流经其间的电流之间关系的时候。我通过已知的物理概念解释了实验数据，其说明获得了审稿人的认同，论文也被接受了。但当时有个博士研究生对实验数据有不同的解释，提出"是否可以用基于'表面态电导'的概念（这是在理论上早就有过，但从未在实验上被验证过的概念）来解释呢"。诚如那时所知道的，如果这一概念能用实验数据证实的话，那将在学术圈产生极大的影响，但当时处于连对于晶体表面的电输运现象本身都还弄不清楚的阶段，我对是否合适推出如此"刺激性"的解释犹豫了好一阵子。后来，随着在各种条件下获得的实验数据的不断积累，我越发觉得用"表面态电导"这一"禁地"般的概念是可以很好地解释实验数据的。这一关于电子输运的机理现在已经成了一个确定的概念，而当我犹豫不决、裹足不前的时候，是那位学生在背后推了我一把。

在任何领域可能都是这样的，初学者天不怕地不怕，凭着一腔热血做出一些看似鲁莽之事，但有时候恰恰就是因为新手的横冲直撞而能产生巨大突破。老师在大学里常年带着一个研究室，会不断有新的学生加入进来。老师其实一直在期待着，这些年轻的力量能将本研究室或本研究领域"搅和一通"，并趁机乱中取胜。

▶ 争取科研经费（之二）——是否把部下变为齿轮？

在第四章也有关于申请科研经费的内容，但那不过是针对助教和博士后层次的个人科研经费。成为 PI 的副教授或团队带头人层次的科研人员脑海当中装着整个团队的研究构想,就要去申请多人团队共同开展的稍微大型一些科研项目的经费。有时候还会采取与其他团队合作研究的形式,申请者要作为合作团队的首席科学家去申请预算。最近,像这样的**合作研究在经费申请当中是被提倡、鼓励的**,比方说实验团队与理论团队合作开展特定的课题研究项目,这样的研究机制很容易受到较高的评价。

这时候,可能出现的问题是,是否应该让自己研究室的助教、博士后和学生成为研究项目中的"齿轮",以此发挥作用,为整个研究做出贡献。

说起"齿轮",乍听上去隐含着贬义,给人的印象是无视学生和青年科研人员自身兴趣,也无视指导的教育性,而只是为了项目的成功一个劲地让他们工作,但实际上却并非那么简单。在被称为大科学的领域,例如使用了人造卫星的天文观测、使用了大型加速器的高能物理以及核聚变研究等领域,大批的职员与研究生参与同一个研究项目当中,完成各自的任务,每个人都作为重要的"齿轮"与研究挂钩。

一个极端的例子是发现希格斯粒子的实验,据称是超过3 000名科研人员的共同研究的成果,催生出了2013年诺贝尔物理学奖。在那样的大项目当中,每一个人都可以在不断理解着整体计划的同时,找到自我的岗位任务,并在完成任务的过程中做出创造性的工作,从而体现出自身的独创性。

像这种团队合作的研究项目,可以将青年科研人员和研究生以非负面意义的"齿轮"的形式关联起来,并或大或小地具备培养科研人员的功能。因此,将助教和研究生拉进研究项目,若方法得当也将产生很大的教育效果。

在我担任物理系的就业干事的时候,从某企业人事部的负责人那里听到了这么一段话:有过大项目研究经验的学生,对公司来说是非常宝贵的人才。公司的很多工作都是由几个到十几个人组成的团队完成的,所以他们很愿意招聘那种能够很好地理解自己在项目中的位置和任务担当,即在关注项目整体进展的同时,能自我认识到作为"齿轮"的责任并发挥自身独创性作用的学生。因此,虽然说那种没什么责任感,只是照着领导吩咐行事的人的确会成为负面意义的"齿轮",但也有那种因方法得当而成为出色科研人员的好"齿轮"。

在将青年科研人员和研究生拉进大的科研项目时还有个不得不考虑的问题是,他们每个人是否都能有所产出。比如在学术会议上报告科研项目成果的时候,有人总会觉得只有项目领头人才能做,而"齿轮"们则什么报告也不能做。这其实是一种错误的认识。

即便是那些具有宏伟研究目标的大项目,许多人都在为其全力以赴,事实上,每一位青年科研人员或研究生各自所负责的每一个课题,都可以与最终目标联系起来,将自己所做的工作结果作为研究成果。只要能清楚说明那些工作是如何有助于目标达成的,就可成为独立的成果,不但可以在学术会议上做报告,也可以用于论文发表。比如说,负责大设备的检测器部分的科研人员,可以阐释清楚那是基于新概念的检测器,其性能如何高,对整个设备的目标达成做出了怎样的贡献,如此一来,这部分就可以成为相关负责人的研究成果。

对于具有宏伟目标的研究项目,如果其目标未能达成,那么就毫无成果可言了吗?事实并非如此。多个基础性的成果积累在一起,才能使整个研究项目得以完成,所以,那些**基础性的成果每一个都是能独立发表的**。

像这样的研究项目,不论大小,都有助于培养训练每一位青年成为堂堂正正的科研人员,他们在了解自己于项目中的作用和位置的同时,完成被布置下来的任务,其过程和其间的交流都是宝贵的学习机会。作为 PI,给大型研究预算做计划的时候,有必要为成员们做上述的考虑。

在团队的研究当中,如果每个成员都围绕着一个目标或者课题从不同的侧面去开展工作,那就更容易让每个成员都展现出其独立的个性。打个比方,在攀登富士山的时候,不是将一条登山道分派给团队成员去做接力攀登,而是让每个团队成员都沿着几条不同的登山道各自去攀登。在这种情况下,虽说是团队研究,也会各自形成独立的研究课题,而且,由于相互间可以边交换信息边共同发展,还可极大地提升效率。对大型研究项目做这样的安排,使得每一位成员都可以经历起承转结的整个过程,因而也具有教育意义。回想起来,在我的研究室里,这样的研究方式是比较多的。

▶ 封闭的研究室和开放的研究室

如前所述,PI 握有雇用助教和博士后的人事权,也可以选择加入研究室的研究生（如果有报名者的话），科研经费是自己申请来的，所以自己当然也能随意地使用，能自己决定是否去参加国际学术会议，等等，对此 PI 有很大的决定权。而且，只要能持续做出一些研究成果，系主任或学院院长也不会干涉 PI 的研究内容。因此，**PI 比要看董事会和持股人脸色行事的上市公司的董事长还能自由地工作，也不会有太大工作压力。这就是成为 PI 的大学教员的最大魅力所在了。**

然而，要是傲慢自居的话也不是什么好事，学生弄坏了的设备要去修理（修理不了的就得张罗着送到制造厂家去修），出差时的酒店和机票也要自己去预订。**像这样从头到尾什么事都得自己去做。另一方面，"讨好"学生和职员也是最为重要的工作，在忘年会上不是让别人给自己倒啤酒，而是老师要给学生倒酒，**这可不能忘了。

像这样拥有强大权利的 PI 简直就如同"一国一城"之主，一不小心就容易使研究室变成封闭的独立王国。与外界的交流少了的话，成员会变得内向，出现萎靡不振的氛围，研究成果的产出也会停滞不前。研究室也会为此而渐渐失去挑战新课题的意欲。这样的一种倾向，在我的见闻当中，的确是发生过的。

有鉴于此，很有必要让研究室能时常接收到外部的刺激，保持研究室的开放性。为此，有如下手段可用：

- 积极参加国内外的学术会议；
- 请外部人员来组会上做报告；
- 与其他的研究团队开展合作研究；
- 通过聘用博士后和短期的外部科研人员来开展人员

交流。

这样通过各种方法与外部交换信息,研究室内的研究也会随之活跃起来。所以,**PI 要积极地送研究生和青年职员去参加学术会议,从外面找来合作研究的课题及科研经费**。有了合作研究的"外部压力",研究室内的研究就会自然而然地发展下去。

想要维系研究室内活跃的研究活动,在保持一个开放状态的同时,增加并维系多样性也是很重要的。

所谓多样性包含了很多层意思。首先一点是国际化。从我的研究室的经验来看,有外国人的研究生或博士后的时候,研究活动是非常活跃的。这个时候,组会必须要用英语进行,这样一来,本国学生在意思表达和理解方面就要大费苦心了。但即便是这样,也要拼了命地去进行交流。有意思的是,这反而使得交流的内容变得更为充实。也就是说,如果不在脑海中形成明确的结论或者明确的问题点,那根本无法用英语去汇报或者进行讨论。比起用日语开组会,用英语会使得讨论更具有实质性的内容。当然,不用日语也会带来交流不方便的弊端,但有外国人在,总的来说会让研究室从各个意义上变得更为活跃。

此外,我发现还有一个事实:就算成员都是日本人,如果有女性成员或者研究生来自不同的大学,那么研究室也会比较活跃。如果只是具有相同教育背景和经历的研究生在一起,会使研究室变得比较单调,大家的思考和解决问题的方式会变得相似起来。这使得聚在研究室里的一群学生即便都非常优秀,也很难迸发出独创性的想法。很多科研人员去了欧美留学之后会跳跃式成长起来,我想可能就是因为能与具有完全不同教育背景和思考方式的各种国籍的研究室成员相互交流，接受了各种思想冲击，从而能产生一些意想不到的点子和想法。正面意义上的所谓"文化摩擦"，会创造出催生新鲜事物的一种氛围。

另一个增加多样性的方法是雇用新的助教或博士后，**要找专业领域稍微有些不同的科研人员**。他们与自己研究室的专业领域之间产生"文化摩擦"后，肯定会极大增强研究室的活跃度。事实上，有不少教授确实是以这样的方针雇用博士后的。

多样性对研究课题来说也是一个重要的因素。同一个研究室的多个相同专业领域的研究生和青年职员在相同的研究环境和条件下开展着研究工作，势必会令研究课题变得较为相似。我前面也曾提到过，课题或想法的重合会导致研究室内部产生一些问题，导致出现稍显困窘的状况。体现 PI 实力之处的，不单单在于现有的研究，还在于是否能开展新的课题，拓宽研究范围。如果能让跨度较大的课题在研究室内并行发展，不但不用担心课题的重合性，还有可能让不同的研究手段或想法互补互生，产生相互促进发展的契机。能否开展多样化的课题，就要看 PI 的力量大小而定了。

成为 PI 后，参加学会的目的也和助教、博士后或研究生完全不同。如前所述，学术会议很有助于科研人员的雇用。PI 可以试着邀请在国际会议上认识的国外科研人员来做博士后，也可以试着请认识的国外教授介绍好的学生。一般来说，如果不面对面地与青年科研人员对话交流，是无法令 PI 安心雇用博士后的。

此外，学术会议期间的下午 5 点之后，即在学术会议每天的安排结束之后，与其他大学的老师三五成群地结伴去**喝酒畅谈，也是很重要的收集信息的活动**。这类"饮酒聚会"可以交换各种各样的信息，包括研究室运营方式、优秀学生、人事招聘、科研经费和学会的各种委员会的信息等。很多时候，在这种场合，PI可以从其他大学或研究机构的PI处听到各种技巧和经验之谈。有时候还可以从别人那里听到关于对学生的指导和校内的杂事处理等方面的意见和建议。对于有些事情来说，和别的大学或机构的老师商量，要比和同一院系的老师更容易。所以，学术会议期间下午5点之后的时间是非常宝贵的。

不管怎样，PI是"一国一城"之主，所以不走出去就没有可商量的对象。从这个意义上来说，不但要保持研究室对外开放的状态，PI自己也应该带着一个外向的心态在外活动。

成为副教授后，不只有授课任务，还要做许多院系内的杂事，比如入学考卷的制定和评分、入学监考、教务相关的工作，担任图书馆委员以及教职工亲睦会委员等。此外，在大学之外，还要承担所属学会的干事和学会期刊的编委等职务的轮值。像这样的**杂事是不可能不占用研究和教育时间的，但这与PI内向地宅在研究室里所产生的弊端相比，还是要好得多**。所以，**最好还是要积极地接受分派过来的杂事**。这样的机会对指导研究室内的研究生来说肯定不会是一种时间上的浪费。PI一旦变得内向，从多种意义上来说都会导致平衡感缺失，是产生各种麻烦和问题的源头所在。所以，不论在大学内外，PI都应该要积极地与外界保持某种形式的接触，维持一种外向的心态。这一点尤为重要。

▶ 教授——科研人员群体的代表

教授代表着其所在的整个专业领域及整个科研人员群体，这与副教授或者团队带头人作为 PI 代表自己的研究团队所处的层次是不同的。也许有人觉得教授无非就是副教授升了个职称罢了，但其实，教授和副教授的性质与格局有着相当大的区别。

正因如此，在一所大学的某个院系，或是研究所的某个部门里，决定是否新聘任某个专业的教授时，要考察的不单单是教授候选人的条件好坏，还要考察**该候选人所背负的专业领域是否是该院系或研究所的必需**。是否有必要不断培养出该专业领域的博士和硕士。该专业的学问知识是否值得本科学生去学习。从诸如此类的问题出发，对新教授进行聘任考察。

日本的教授数量在各领域的分布与各专业领域的势力图是大致吻合的。举例来说，在我所属的物理学科里面，各领域（具体的不说）随时间此消彼长，其教授的数量也缓慢地随之发生增减变化。

院系希望将资源分配在此后有发展前景的领域或者能应对社会需求的领域，所以要长期关注学术发展动向，由此而决定下次应该聘请哪个领域的教授。与以前不同，许多大学不再单纯地在退休教授的专业领域内寻找接任者、聘请新的教授（很多时候都是前任的弟子）。一旦有一位教授退休了，会将其位置归置成空，并从零开始讨论院系的将来，进而决定接下来占据其位置

致迷茫的你：在科研中借力晋级

的新教授的专业领域的归属。当然，即使某个领域将来一定会变得非常重要，但如果日本尚未培养出达到教授水准的人才，那也只能放弃该领域的教授人事聘任。教授候选人的自身表现及其所背负的专业领域是作为一个整体被考察的。

▶ 教授处于"执政党"的地位

到此为止的内容主要是从学术的一面写的，但也不可小视非学术的一面，即涉及人性的一面。选择新教授的教授也是人。如果让人产生"不想和那个人成为同僚"的想法，那就没什么可谈的了。遗憾的是，确有科研人员虽然有着充足的学术业绩，但满嘴讲着（自以为是的）大道理到处与人发生冲突，结果获得了"作为教授来说实在是有点……"之类的评价。

像这样的科研人员很多都是当了"独立王国的绝对君主"的 PI，有些人因为不容忍妥协，所以和学生之间时常发生冲突；有些人因为缺乏协调性，所以在学术会议上的行为就像是一匹"孤独的狼"；有些人甚至表现出过度的自尊心。对于这样的科研人员，其应聘申请被某个院系或者研究所拒绝也不是件不可思议的事。

作为科研人员与大众不合群而保持孤傲高昂的姿态，在研究方面不容忍妥协不是件坏事。但是需要注意的是，如果不将研究和研究之外的事情区分开来，而是混为一谈的话，就会白白浪费掉难得的才华。

就如第一章所写的，研究在某种意义上来说是一种自我表现，所以科研人员努力地维系自己的一贯想法和风格是理所当然的。不过，研究同时也是和学生等多人相关的营生，科研人员是作为组织中的一员开展工作的，所以每次都不得不在摸索恰当的妥协点的过程中前行。在不断的重复积累中，将自己理想中的自我表现作为目标去努力奋斗即可。没有必要将所有阶段或所有成果都拿到满分作为自我表现的体现，现实中这也是不可能的。

这不是说要降低妥协点，而是建议**要灵活思考并做出"成年人的判断"**。教授已然是"体制内"的人了，处于"执政党"的地位，所以不应该张口就是攻击和批判的腔调。**要想成为教授，尽量不要树敌为好**，要戒骄戒躁。

当然，也许有许多人会对这样的看法有反感情绪。成为教授也不是人生的全部，每个人都有自己的想法我认为是一件很好的事情。

▶ 从"高等游民"到"二十面相"——教授杂事缠身，忙碌不已

再次回到学术方面的话题。这里需要注意一点：虽说教授代表着其专业领域，但却没有必要将研究铺开来覆盖整个专业领域。科研人员做出业绩所依靠的独创性研究即使仅聚焦到了某一个点上也是可以的。

不过，具备俯瞰整个专业领域的广博的知识，对教授来说是理所当然也是必要的。这正是与一般科研人员的不同之处。与

那些只能讲述自己的研究内容的科研人员不同，教授**不但要对自己的研究，也要对自己专业所属的整个学术领域，在面对大众或其他领域专家时，都能做出有说服力的论述**。不仅仅在人事方面，还有学术会议、政策和预算制定以及奖项评审等各种场合当中，有一些与其说是科研人员之间的竞争，倒不如说是专业领域之间的竞争。这个时候拷问的就是教授作为其领域代表所具备的见识了。

教授和研究所里的资深研究员层次的科研人员对其专业领域的整体发展是具有责任的。发现了有潜质的年轻人，即使不是自己研究室的成员，也要授予其青年奖，推荐其为邀请报告人，每次有了这些机会就要为其提供必要的支持。不论是哪种职业，培养本领域下一代的接班人，都是该领域生死攸关之事。**教授层次的学者如果对下一代的培养有所懈怠，那么该领域就会衰退下去**。此外，教授还担负着通过各种方法使本专业领域活跃繁盛起来的责任，包括召开本领域的学术会议和国际会议，以及在有关本领域的预算申请中扮演中心角色等。在担当自己研究室 PI 的同时，还要放眼于整个专业领域并牵引其前行，这正是教授层次的科研人员所要担负的重大责任。

教授层次的科研人员对外要如上所述般作为专业领域的代表开展活动，对内，即所属大学或研究所，也要在很多场合中担当重任，很多时候要在某种意义上代表组织。比如在入学考试委员会、教务委员会以及校园开放委员会等各种委员会里，教授往往担当的不再是普通委员，而是委员会主任。

为此，教授能用于研究的时间会进一步地减少，所以，如果管理能力和事务处理能力不强,这些杂事有时候就会导致教授自己的研究室管理和运行出现问题。

因此,不管喜欢与否,教授层次的科研人员在对外和对内方面都要承担自己研究之外的各种责任。大学教授被称为"高等游民",可以全身心沉浸于自己喜欢的研究当中的那个古老而美好的时代,已经一去不复返了。现在,所谓的教授,不只是科研人员,还得是教育者、指导者、管理者和政策决定者等,已经成为一个类似"怪人二十面相"的职业了。我认识的某位教授曾说过一段话让我印象深刻:"最近,90%以上的时间都用在了别人身上。校内的杂事、学会的事务、文部省的委员会、毕业生的就业事务,这样子是拿不了诺贝尔奖的啊……"

▶ 挑战不息

"功成名就"的教授也许觉得做不出新的研究成果也无所谓,但这是完全错误的想法。教授和副教授一样仍然是研究室的 PI,而且研究室里还有助教、博士后和研究生等青年科研人员在夜以继日地忙碌着。所以,教授要和在当副教授的时候一样,用心去经营研究室,和青年科研人员一起不断挑战新的研究。

比起学会了一项工作就满足于每天重复去做的人,我想,那种喜欢不停地学习新知识考虑新问题的人原本就更适合当科研人员。他们每天都想做不一样的事情。一旦做起了研究,没有哪一天是做同样事情的。研究是否有进展暂且放到一边,昨天、今天和明天，他们都会考虑尝试去做些稍微不同的事情。对此喜欢得无以复加的人应该才会成为科研人员。所以，即使已经升任教授了，其性格本质是不会变化的，还是会不停地思考并尝试去做新的研究（很多时候都是指导学生去做）。

在第四章的"并行处理"一节中曾写道，实际上是要等到成为教授或资深研究员层次的科研人员之后，才能决定开展一个庞大的颇具野心的研究课题。当然，教授是不会"亲自"去做实验或计算的，研究的执行部队是研究室的研究生和青年科研人员，所以虽然教授会为他们的将来考虑而慎重地开展研究（请参见第四章），但还是能够轰轰烈烈地开展一些常年以来做了充足准备的研究课题。到了教授这一层次，很多都有了充足的科研经费，手下也配齐了青年科研人员，所以有能力做出一些飞跃性的研究工作。当了教授，不只意味着上了一个官阶。

此外，科研人员到了教授或资深研究员这一层次后，已在其专业领域做了常年的研究，所以会拥有独特的实验技术或理论方法上的核心"武器"。在这种情况下，有时候会想要稍微偏离一点原来的领域，在一些新的研究课题或是新的研究对象方面做出受人关注的成果。为此，如果将自己的"武器"应用于新的研究对象，就有可能在短时间内做出非常有独创性且有意义的研究成果。会有一种"张网以待，即有猎物自投罗网"的感觉。

在我的研究室里也出现过类似的经历。将铋原子一层一层地堆垛起来可以做成非常薄的单晶，在我们对此单晶薄膜的原子排列和电子输运之间的关系持续研究了五年左右，我认为这个课题的研究可以到此为止的时候，美国科研人员发现在铋单晶中掺入一些其他的物质，可以形成一种被称为"拓扑绝缘体"的新物质。于是，由于我们一直以来使用的实验手段可以原封不动地用于该新物质的研究，所以整个研究室立刻转入该新课题的研究当中，并能很快地做出成果。该领域最初期的论文当中有几篇就是我的研究室做出来的。这正是"张网以待，即有猎物自投罗网"的典型。

第六章

所谓研究,所谓科研人员

▶ 珍惜与老师相逢之缘分

在已引用过的《给科研新人之赠言——江上不二夫想告诉大家的话》(笠井献一著)一书当中,收集了作者笠井在做研究生的时候,来自导师江上教授的许多忠告。其中尽是发人深思、令人感动的名言,充分展现了笠井对江上教授深深的仰慕、感谢和尊敬之情。

本书当中,我也尽力地介绍了几条自己的恩师井野正三教授和外村彰博士的话,每一条都是意味深长、令人难忘。现在,在我的研究室里,会出现与井野先生或外村先生说出那些话时同样的状况。每逢其时,我都会想,如果是井野先生的话他会怎样说,如果是外村先生的话他又会怎样说,这样想象出来的场景让我乐在其中。成为 PI 的我现在身边已经没有了赠我良言的恩师,而他们留给我的记忆仍然时不时地帮着我维持着研究室的运营。唯有事后,方能领悟到恩师真正的难能可贵之处。

从 2014 年左右,网球专业运动员锦织圭变得非常活跃,经常出现在电视节目当中。据说,他的成长也要感谢他与松冈修造以及张德培的相逢之缘。

在科研人员的世界里莫不如此,我认为与恩师的相逢起着决定性的作用。我的恩师就是当时的导师井野教授和日立的研究团队带头人外村先生。弟子在许多方面,从研究风格到研究室的管理方式,甚至在人生观上,都会受到老师的深远影响。而且,看到恩师所走过的迂回曲折的研究之路,对弟子考虑未来成为科研人员是具有指导性意义的。好的地方可以去模仿,不好的地方也可以成为反面教材,总而言之,恩师作为身边的角色榜样,是无可替代的。

此外,我曾多次提到过,对研究生和青年科研人员而言,导师和老板是研究方面的"如来佛祖",开始的时候是在如来佛的手掌上蹦跶,随后开始想要跳离出其手掌,最后是带着自己独特的课题远走高飞。这一过程正是科研人员的成长历程。以"守破离"的过程来看,回顾井野先生和外村先生的研究以及我自己走过的研究历程,可以很清楚,到哪儿是"守",到哪儿是"破",跨越了哪一条线后就成了"离"。在当时由于沉迷于研究当中,完全没有意识到这些过程之间的区别,也没有感受到老师的难能可贵之处。只有在事后反思,才会客观地理解到自己成长的经历与老师之间的密切关系。

所谓研究的独创性,就是看能否跳离出老师的手掌。或者说,**独创性就是踏着老师的肩膀登上更高的台阶。**在《一流科研人员所应具备的资质》(志村史夫著)一书当中,将优秀的老师培养出优秀的学生这一现象称为"独创之系谱",其证据是,在诺贝尔奖获得者当中,老师和学生都获奖的有 70 多例。令人记忆犹新的是,2015 年获诺贝尔物理学奖的梶田隆章教授就是 2002

年同样获得诺贝尔物理学奖的小柴昌俊先生的(孙辈)弟子。诺贝尔奖级别的科研人员作为导师,其手掌是相当之大的,跳出其掌心本身就是一件非常困难的事情,所以其弟子也要做出相当高的独创性的研究业绩(其弟子可获奖凭的不仅是诺贝尔评奖委员非常重视已获奖者对自己弟子的推荐这单一因素)。

以前很多人都经历过的一个"修罗场"是,老师和研究生围绕着论文草稿的每一句话,一对一地进行长时间的激烈辩驳,但现在,我实在想知道还有多少教授会那样去做了。实际情况是,在所谓的系统性指导之下,老师和学生之间的关系变得越来越淡薄了。

另一方面,成为独立科研人员之后,不能只是从自己原来的导师或老板那里,还要会从学长、同事以及合作科研人员那里获得各种有益的建议,这些都是非常难能可贵的。一旦成为 PI,就具有了自己决定一切的莫大权力,这样反而有时候会感觉到不安,会质疑:自己的判断是否有错,采取的一些行为是否缺乏平衡性。这个时候,如果可以从周围的前辈或者同僚处获得些建议,将是非常珍贵的。

不只是以前的导师或老板,作为一名科研人员在研究道路上前行的过程中,在各种场合下遇到的任何前辈与合作科研人员,都有可能给予老师般的影响。那些生活方式或研究风格上看似很"酷"、令人憧憬的前辈科研人员,虽说难以接触到,但可以作为自己"心中之师"。作为榜样的科研人员,并不一定就是自己的导师或者老板。

如果要举出几个人来的话,也许以下这几类人可以称其为师；不随波逐流，坚持在一条道上走到底的科研人员；不论何时都要亲手做实验，奉行"一线一辈子"的科研人员；以及非常珍惜学术圈，始终在明在暗地为其活动服务的科研人员。光彩夺目地活跃着的科研人员肯定是有值得学习的地方，但能称为"心中之师"的人却并不多见（也许还因为有嫉妒的因素）。

不单是通过本职的研究工作，还有通过学会活动、公共社会活动或各种杂事处理而结识的前辈老师当中，可能也会找到可称为"心中之师"的人。实际上，有很多科研人员都会在繁忙的间隙发扬志愿者精神，参与学会活动或公共社会活动，他们都是非常值得尊敬的。与这些人的相逢，有时候也会有助于提升自己作为科研人员所能达到的高度。

从这个意义上来说，我也建议**不要厌烦分派下来的杂务，要以一种积极而开放的心态去接受它**。我想，对于博士后、助教、副教授、团队带头人以及教授而言，不同的身份地位就会被分配到各种不同的杂务，**既然是不得不去做的事情，干脆就积极面对**，趁此机会找到能够成为自己"心中之师"或是请教对象的同事。

▶ 研究课题——把握独特的"武器"，投身于潮流当中

也许是受了流行歌曲的影响，在科研人员圈子里也时不时地会听到"唯一比第一重要"这句话。在研究的世界里，会有许多科研人员争先恐后地朝着同一个目标努力，先达到者为"第一"；与此形成鲜明对比的是，将一些其他人都不做的独特的课

题翻出来,自己一个人默默地开展工作的科研人员就是"唯一"。其中的差别在于,是在流行课题的竞争中做研究,还是不理会流行与否,我行我素地做研究。

流行的课题之所以流行得起来,是因为它具有在学术上吸引人的丰富内容,谁都能理解其中的重要性,也就根本没必要去说明研究这些课题的理由。相反,对于我行我素式的课题的重要性,若不特意去解释就无法获得其他科研人员的理解,甚至还会出现不管怎么解释都无法获得理解的境况。此外,流行的课题如果做出了成果,可以形成有影响力的论文,在短期内获得很高的被引用次数,而我行我素式的课题则因为原本就没什么科研人员关心,所以很难做出有影响力的论文。

而另一方面,流行的课题会有很多的竞争对手,所以很有必要去拼命努力,以免被淹没在急速发展的研究洪流当中;而我行我素式的课题则可以按照自己的步调悠然自得地开展研究工作,从某种意义上来说,也是需要有耐得住寂寞的坚强的毅力。

在我约莫30年的研究生涯当中,经历了两次主流课题在我的身边声势浩荡地来了又去了。第一次是在我读硕士研究生的时候出现的扫描隧道显微镜,这是获得了1986年诺贝尔物理学奖的课题。从那时起,说表面物理学领域的科研人员被分成了两派都不为过:一派是完全投入与扫描隧道显微镜相关的研究当中,另一派则是对其熟视无睹地继续坚持着自己以往的研究。

我当时选择了后者的队伍,因为我讨厌随波逐流,不想置身于预料得到的那种激烈的竞争当中去。不过,在大约10年之后，当该潮流渐退到了某种程度之后，我才逐渐开始将重心放在了扫描隧道显微镜的相关研究中。我是带着一个叫作"四探针扫描隧道显微镜"的变形版的实验技术，以自己独有的视角，加入流行队伍中去的。

第二次声势浩大的主流是从 2005 年左右开始的与名为"拓扑绝缘体"的物质相关的研究浪潮。我的研究室以前就在研究与拓扑绝缘体相近的一些物质，所以从早期开始就加入了对拓扑绝缘体的研究潮流中。那时候可是毫不犹豫地就投身于该流行课题中去了。该物质的表面性质是大家关注的焦点，所以也是非常好的表面物理学的研究题材。尤其是因为该物质表面的电荷输运方式正是我研究室一直以来的主打课题，可以完全利用已有经验和实验设施，所以我当时全身心地投入了该研究潮流。

上述的两大潮流所涉及的研究内容，现在仍是我研究室的主要在研课题。我虽然被卷入了主流课题的洪流当中，但为能够很好地顺势而为，自己也做了相应的努力。为了达到此目的，绝对是很有必要把持住自己独特的立足点和着眼点，不被潮流所吞噬。如果不这样做，就只能做一些单纯跟随性的研究工作了。

从最早的流行的黎明期就投入新的课题中，能快速做出初期的重要成果的科研人员，是值得尊重的。而在稍微偏离主流的地方坚持着自己的研究，必要的时候也偶尔做一些流行性课题，同时继续着自己独创性的研究，这样的科研人员也是值得尊重的。**研究主流课题本身并不是件坏事，但不能盲目跟在别的**

科研人员后面做研究。

因此，到底是随波逐流还是坚持深挖自己的课题，我想这并不是一个二选一的问题。虽然利用第四章介绍过的"并行处理"法，可以同时开展主流课题和自我为主的课题，但与其这样，还不如带着在自己独特的课题中磨砺好的"武器"加入主流课题的洪流中更可能会成功。

流行的课题的确是具有研究价值和意义的，因而会有大量的论文不断涌现于世，甚至大量的论文像洪水一样泛滥了。对这种短时期内便急剧发展壮大的研究方向，自己能"啃"上一口的话倒也没什么不好的。而且，如果能做出重要的实质性成果，就更好了。要达到此目的，就有必要发挥自己的独特之处，比如利用其他科研人员不擅长的实验技术，或是从一个至今谁也没注意到的视角去攻克问题。如果是用老旧过时的实验手段规规矩矩地做研究，即便是流行的课题内容，也会被卷入潮流的漩涡当中，很快被吞噬掉了。要想在流行的课题当中做出名留后世的成果，还是需要有自己独特的"武器"。而**自己独特的"武器"，是需要用偏离了流行的研究课题去打磨的**。

▶ 研究，是人的行为

科研人员大概只有在获得诺贝尔奖的时候才会被媒体关注。通过对获奖者其人其事的介绍，让大众有机会感受到科研人员就在身边，我认为这是件很好的事情。我想，听过诺贝尔奖获得者演讲报告的很多人可能都有这样的印象：他们做的研究虽然非常艰涩难懂，但其为人却极其率真爽朗。在他们的演讲会上，可以听到他们在研究过程中经历过的喜怒哀乐的故事，或者他们从小就怀揣的梦想。和研究内容一起，他们的演讲将充满了人情味的科研人员介绍给了普通民众，这从应对当前理科人气不旺的现状，以及其他各种意义上来说，是件很好的事情。

而另一方面，在 2014 年的 STAP 细胞事件当中，科研人员的另一副面孔被媒体过于强调了，使得很多普通民众对科研人员的印象发生了变化。也许有很多人会觉得："一提到研究，我原本只以为是一群聪明的人在做着逻辑思维的积累。但实在没想到，会有那样随意的合作研究让科研人员相互勾结，甚至还隐约可见背后存在着的组织。科研人员的圈子居然是一个如此污糟的世界。"不过，很多人应当也能理解，从多种意义上来说，那只是一个极端的例子。

科研人员毕竟也是人，所以也会欲望丛生。过度的欲望会导致各种研究弊端的出现。但是，所谓研究中的作弊行为，也不是那么单纯的一件事。从灰色区域的作弊行为，比如找个似是而非的理由删掉与理论不符的不合时宜的数据，或是调整显微镜照片的对比度使其看上去更为清晰，到捏造并不存在的数据这类全黑程度的作弊行为，是一个连续变化的过程，科研人员在实际研究工作中要根据自己的情况加以划线区分。

关于这一点，我和我研究室里的一个研究生在十多年前的一段对话给我留下了深刻的印象。那位学生加入研究室没多久的时候，为了让他顺便练习实验技术，我安排他以同一条件反复多次重复做了某个实验。他将整理好的测量数据在组会上做了汇报。数据结果显示,在实验开始没多久的一段时间里测到的数据值非常离散,显得很奇怪,而在实验重复了多次之后,数据趋向于集中在某一定值上。有鉴于此,我对学生说:"实验开始的初期,只是因为你的实验技术还不成熟,所以才会出现奇怪的数据值。删掉那些奇怪的数据,就只用后半部分的数据在学术会议上做个报告如何?"一听此言,该学生脸色凝重地反驳说:"那可不行。那不就成了篡改数据了。这样的事情不是不能做的吗?"

在那之后,我们讨论了许多关于数据获得过程中样品制备条件和测量条件等问题,但始终没弄清楚其中的差异所在。但是,我坚持说:"一般来说,初学的学生在刚开始做实验的时候获得的数据是没有可信度的。"想要以此去说服学生,但他还是无法理解,也没改变他的观点:"没有确切的理由就将不合时宜的数据删掉,那就是数据的篡改。"

那么,在这种情况下,究竟是老师错了还是学生错了? 我的意见是,删掉不合时宜的数据后在学术会议上做报告不但是没有任何问题的,而且就应该这样做。我们应该更加重视那些在实验操作熟练后测得的重现性数据,而公开发表那些实验技能尚未熟练的情况下获得的原因不明的实验数据,可以说是一种不负责任的做法。

科研人员的圈子是以人性本善为基础构建起来的。每一个实验或计算并不是在别人的监视下完成的,完全是基于科研人员个人的良心而为,所以,科研人员圈子成立的**前提是毫不质疑地相信所有的研究结果**。即使怀疑结果的正确性,也不会怀疑数据是捏造或篡改过的。

因此，如果出现了导致该前提崩溃的学术不端行为，那整个科研圈的体制都将崩溃。从这个意义上来说，就要求科研人员必须具有高尚的道德观，在自律性判断的基础上为人处世。不能是因为受到谁的监督才不去作弊。一个科研人员作弊，就会牵扯到整个科研圈的崩溃问题，所以每一个科研人员都有必要意识到自己背负着所属圈子的命运。

此外，成了 PI 级别的科研人员之后，就如前所述有了极大的决定权和自由度。这是做科研人员的最大魅力之处，但同时也是产生学术不端行为的陷阱。如果在做出研究成果的过程中因焦虑而吃了禁果，那将没有后悔药可吃。所以成了 PI 之后，要求具备比从前更高的道德观。尤其对于自己的学生或部下的不端行为，就算自己并未参与，也无法免责。

在科研人员当中，似乎也有人认为："用假的数据写了论文，反正以后的科研人员也无法重复出来，终将会被否定。即使任其存在，该论文也会被无视，最后会湮没于历史长河中，这就是所谓的科研人员圈子具备自我净化的功能。所以，对于学术不端的论文只要放任不管就可以了。"这种想法其实是白日做梦，是一种缺乏自律自觉性的思考方式。也许会有很多科研人员白白花费许多时间和科研经费去重复其虚假的实验结果，而且一旦基于虚假的数据进行医疗行为，或是开展高额经费的研究项目，还会在现实中导致被害者的出现或是损害事件的发生。如果放任有着不端行为的研究不管，最严重的后果是将导致科研人员的社会信赖感跌入泥尘，信誉扫地。研究的不端行为必须要**由科研人员**揭露出来,并接受相当大的惩罚。绝对不能对不端行为放任自流。

在现代社会,科研或是科研人员会受到社会关注,有时候还会出现庞大的利益纠葛,所以科研人员只知埋头苦干,沉浸于自己的研究当中是不行的。千万别忘了,每一个科研人员都有责任去维护科研圈子的社会信誉。

本书想要强调的是,**所谓研究,并非像大学入学考试那样进行对和错的二选一**。也就是说,所谓研究,并非是做出了或是没有做出一些新的发现或发明,也不是将问题解决了或是没有解决这种非"0"即"1"的数字电路上的信号。而是一个在"0"和"1"之间存在着连续变化的模拟信号的世界。朝着发现或发明又前进了一步,或是找到了另一个解决问题的切入点,也都是重要的研究成果。

当然,成果能到达"1"的科研人员那是到了诺贝尔奖级层次的,但到了"0.3"左右也会被视作取得了重要的研究成果。所以,即使终极目标都是"1",但朝着这个"1",自己要做到哪个程度,如何去实现这个目标,为此要做怎样的准备,对于诸如此类的问题,每个科研人员都有自己不同的答案。

在做研究的过程当中,有的时候会要放弃或变更当初的目标,为此甚至要不得不做出痛苦的抉择。从这个意义上来说,研究的过程简直就是"人间悲喜剧",反映出了科研人员的个性与价值观。这也是为何说研究是一种自我表现。如果只看研究成果,是看不透其背后所蕴藏的"人间悲喜剧"的,科研人员每天都是在与困难、不安、诱惑以及欲望做着斗争的同时进行着研究工作的。

　　所以,科研人员仅仅具备研究所需要的学术性和技术性的知识及技能是不够的,还必须要同时具备道德观、平衡感、交流能力以及礼节和常识等良好市民应该具备的东西,以便能在科研人员圈子里和社会上一边展示自己的存在感,一边顺利地做下去。

　　自由是研究最为重要的要素。每个人都有其自由的创意和自由的做法,也可以自由地设定目标。这样的一种自由正是科学发展所不可欠缺的。若是因过度研究伦理方面的问题而导致科研圈出现萎缩是得不偿失的。如果认识到科学的发展是建立在大量的错误之上的,那就没有必要去害怕错误了。

　　此外,如果追求快速出成果的科研经费制度阻碍了科研人员的自由创意,那就本末倒置了。日本的科研经费制度夸耀于世,能够支持多种多样的研究并促使其自由发展,是一个非常好的制度,大家尽可以放心地带着对自己研究的信心去申请。总会有评审专家认可其研究的重要性。

　　从大学生和研究生开始,到博士后和助教层次的青年科研人员,再到副教授和团队带头人层次的 PI,最后到权威的教授和资深研究员级别,科研人员要经过一段漫长的道路。要在这条道上走好,除了有研究的热情之外,还有必要具备良好的道德观和平衡感,在各个不同的阶段和位置上有必要与周围的科研人员和谐相处。本书阐述了其中的秘诀。深思熟虑地行事,勿忘科研人员的梦想和志向,在这个充满人情味的创造性的职业道路上,去享受,去钻研吧。

结束语

我在这一年左右的时间里参加了好几个活动,其间断断续续的所思所感,在本文中也曾介绍过的"鸭蹼"的划动下,在自己的脑海中不知不觉地积累了起来。在今年黄金周的某一天,忽然间我动了想要写此书的念头。每一次的经历和其间偶然迸发出来的感想在我脑海中连成了一条线形成了一个回路,让我有一种电流流过后灯泡"啪"地一下子亮起来了的感觉。我用了不到 30 分钟就完成了本书的概况和结构的设定。

　　首先是去年夏天的活动。一个名为"主要大学说明会"的活动每年都会在七八个地方举行,面向高中生和家长提供招生信息,而我去年则成了该活动的干事,负责大阪会场(今年负责福冈会场)。在活动当中,我要面向高中生做一个 10 分钟的简短报告。据说,以往的报告通常都是介绍东京大学的教育理念和教育制度,以及考题的特征和出题目的等,但我从一位前辈教授(印度哲学专业的文科教授)处获得的建议是:"与其讲那些写在招生宣传册上的信息,还不如介绍一下你在高中的时候是以怎样的想法报考了东大,入学后又是怎样想的要进入现在的专业领域,以及作为科研人员是如何的快乐。这样才会让高中生和家长听得印象深刻。"于是,我就那么讲了。

那个时候,我再一次回想起了自己的学生时代,对进入大学之前和之后没多久的一段时期里自己想了些什么,做了些什么,以及为何选择了物理学专业,等等,尝试着做了一番整理。高中生是否真的会带着兴趣来听我讲述自己的个人经历,我当时对此是深感不安的,但不管怎样,我还是先试着按照前辈教授的建议去做了。报告结束之后,说明会的展台前,有好几个高中生说我讲得很有意思,一起当干事的大学职员也说我讲得很好,于是我才放下心来。与此同时,我也有了一个小小的发现:人们对我这样一位没什么名气的东大教授的个人故事也是有兴趣的啊。

在那两三个月之后的秋天,我收到了邀请,要在自己所住社区的中小学家长教师协会主办的教育演讲会上做报告。听众都是小学和中学的学生家长,我觉着如果讲研究内容也没什么意思,于是就问家长教师协会的干事,我该讲些什么内容比较好。对方给我出了个难题:"请讲讲你小时候是怎样的一个小孩,怎样学习然后上了东大的,又是怎样成了东大教授的。你的这些话,如果能让那些爸爸妈妈们带回去一些有助于孩子教育的内容,那就再好不过了。"因为是长达 90 分钟的演讲,我尝试着讲了个"三部曲":进入东大之路,成为东大教授之路以及能否获得诺贝尔奖。为了准备这个演讲,我将自己在高中时代、大学时代、研究生时代、进入公司之后,以及成为大学老师之后的几个阶段当中的一些所思所想,整理了一通。这些虽然与本书的目的不同,但也成为本书的结构框架。

与这些大学之外的活动同时进行着的,是在去年夏天,我突然被大学安排去给一个关于研究伦理的讲座授课。这个讲座策划得也很突然，三四年级的本科生和全体研究生都必须修读。有几个老师分担课程，我作为其中的一位讲师，负责一个学分的课程。这也是受到了当年轰动全球的 STAP 细胞事件的影响。尽管理学院准备好了通用型的幻灯片用于讲座授课，但我还是从课程讲授的立场上阅读学习了几本有关研究伦理和学术不端方面的书，从而使我的认识得到了相当的提升。

此外还有一个活动，是在今年的 3 月份，某出版社在大学校园主办了"论文撰写方法论坛"，我受邀作为发言者参加了公开座谈研讨会。除了发言者之间的讨论之外，还要在回答学生提问的同时发表评论。从该活动当中，我对论文撰稿、投稿以及与审稿人之间的交流等方面有了新的认识。

实际上，在那之前我碰巧正在读一本书《文思泉涌：如何克服学术写作拖延症》[原作名：*How to Write a Lot: A Practical Guide to Productive Academic Writing*，作者为保罗·J. 席瓦尔（Paul J. Silvia）]，是该书在我背后推了一把，督促我去着手执笔于此书的。至今为止，我已经写了两本书，但那两本书都是应编辑的邀请而作，所以当时觉得如果没有邀请自己是不可能去写书的。但从那本书中，我知道了书也可以像论文那样自己积极主动地去写，然后向出版社推送书稿，如果被拒，就再找另一家出版社即可。于是，我这才下定决心要写本书。有好些书被三四家出版社拒绝后都能成为畅销书，这个事实给了我很大的勇气（虽然我并不知道本书是否会成为畅销书）。想想看，学术论文如果被一家期刊拒载了那就另投一家即可，所以想到书的出版也能如此，我的心情就变得轻松了，于是也就非常顺利地写下了本书的初稿。幸运的是，一开始洽谈的讲谈社（Blue Backs 系列）就决定要出版本书了。

以上几件发生在我自己身边的事情最终促生了本书。我虽然想着不要过于渲染个人色彩地去写此书，但考虑到如果只是抽象性地泛泛而谈是没有说服力的，所以我也适度地添加了一些自己的经验。

本书集中讲述了我自己的经验和所见所闻，以研究生→博士后/助教→副教授→教授这一大学里的职业发展路径进行了构思。不过，科研人员这一职业还有着其他多样的发展路径。在大学里当然如此，在国立研究所和企业的研究所里也有许多的科研人员在各种职位上以各种方式参与研究工作，所以在此特别强调一下本书未能提及的各种职业发展路径的存在。

各位读者如果能从本书当中获得关于作为科研人员所需要的，或是觉得一些建议对于决定前进方向或选择专业领域有所助益，那将是我的意外之喜。

我请了许多朋友阅读此文稿，也获得了各种各样的意见，受益良多，由衷感谢。限于篇幅，在此就不一一列名。此外，也非常感谢讲谈社的庆山笃先生帮忙将潦草而成的本书原稿编辑成通顺易读的文章且排成颇有腔调的版面。

长谷川修司

2015 年 9 月